动车组系列培训教材·机械师

动车组概论

（修订版）

宋永增 主 编
刘 伟 副主编

北京交通大学出版社
·北京·

内容简介

本教材是动车组机械师理论培训的基础教材之一，共分5章：第1章概述，比较详细地介绍了日本、法国和德国高速铁路的发展历史和现状，阐述了动车组所涉及的关键技术；第2章动车组车体技术，重点介绍了动车组车体结构及设计；第3章动车组转向架技术，介绍了动车组转向架组成及相关技术特点；第4章动车组牵引供电，主要介绍了动车组牵引供电和弓网关系；第5章国产动车组技术，主要介绍了四种类型的国产动车组总体概况及组成。其目的是使读者全面概括地了解高速铁路发展历史和高速动车组组成及其关键技术，为其他课程的培训打下基础。

本教材适用于铁路动车组机械师的培训，也可供铁路相关专业技术人员参考。

图书在版编目（CIP）数据

动车组概论/宋永增主编. —北京：北京交通大学出版社，2012.3（2019.7重印）
（动车组系列培训教材·机械师）
ISBN 978-7-5121-0931-5

Ⅰ.①动…　Ⅱ.①宋…　Ⅲ.①动车-技术培训-教材　Ⅳ.①U266

中国版本图书馆CIP数据核字（2012）第037829号

责任编辑：陈跃琴　　特邀编辑：宋英杰
出版发行：北京交通大学出版社　　电话：010-51686414
北京市海淀区高梁桥斜街44号　　邮编：100044
印 刷 者：北京鑫海金澳胶印有限公司
经　　销：全国新华书店
开　　本：185×260　印张：11.25　字数：275千字
版　　次：2019年1月第1次修订　2019年7月第9次印刷
书　　号：ISBN 978-7-5121-0931-5/U·90
印　　数：17 001～19 500册　定价：32.00元

本书如有质量问题，请向北京交通大学出版社质监组反映。对您的意见和批评，我们表示欢迎和感谢。
投诉电话：010-51686043，51686008；传真：010-62225406；E-mail：press@bjtu.edu.cn。

《动车组系列培训教材·机械师》
编　委　会

本书主编：宋永增

出 版 说 明

2005年，在铁道部的安排下，北京交通大学根据国外动车组设计资料、国内外技术交流文件，编写了动车组培训讲义，并对从事动车组运用的在职技术人员进行培训；随着中国高速动车组事业的飞速发展，到2010年，该讲义已经修订4版，先后培训了设计制造企业和运用部门各类人员4 000多人。

为适应动车组机械师专业人才培养的需要，北京交通大学机械与电子控制工程学院、北京交通大学出版社，在铁道部有关部门的指导下，组织北京交通大学铁道部动车组理论培训基地的教师，在南车青岛四方机车车辆股份有限公司、北车长春轨道客车股份有限公司、北车唐山轨道客车有限责任公司和青岛四方庞巴迪铁路运输设备有限公司等单位领导和专家的大力支持下，编写了本套“动车组系列培训教材・机械师”。

教材编写突出理论与实用相结合的原则。本着“理论通俗易懂，实操图文并茂”的原则，系统介绍了4种高速动车组的基本原理和结构组成。

本系列教材的出版，得到中国工程院王梦恕院士的关注和首肯，以及北京交通大学校领导、专家、教授的指导和支持，在此一并致谢。

北京交通大学机械与电子控制工程学院为该系列教材的出版，投入了大量的人力、物力和财力支持。

本系列教材从2012年1月起陆续出版，包括《动车组概论》、《动车组车体结构与车内设备》、《动车组转向架》、《动车组制动系统》、《动车组电力电子技术基础》、《动车组供电牵引系统与设备》、《动车组辅助电气系统与设备》、《动车组运行控制系统》、《动车组车内环境控制系统》、《动车组控制与管理系统》、《动车组运用与维修》、《动车组司机室》。

希望本套教材的出版对高速动车组的发展，对提高动车组的安全运行和维修、维护水平有所帮助。

动车组系列培训教材编写委员会

2012年5月

院士推荐

中国高速铁路近年来发展迅速，按照铁路中长期发展规划，到2020年，全国铁路运营里程将由目前的9．1万km增加到12万km，其中时速200～350 km的客运专线和城际铁路将达到1．8万km，投入运营的高速动车组将达到1 000组。

高速铁路涉及诸多高新技术领域，其中作为铁路运输主要装备的高速动车组是这些高新技术应用的综合体现，它涉及系统集成技术、新型车体技术、高速转向架技术、快速制动技术、牵引传动技术、自动控制技术、网络与信息技术等。大量新技术装备的创新和应用，极大地提高了铁路客货运输的能力和快速便捷的出行，但在实际使用中对于现有参与运营、维修、管理等各类人员提出了更高、更新的要求，以确保高速铁路运营过程的安全与可靠性。目前相对于我国高速铁路里程建设速度，对于在实际运营、管理中迫切需求的大量技术人才培养明显滞后，因此会在高速铁路的长期运营中存在严重的安全隐患，温州“7．23”事故已经给了我们一个沉痛的教训。另外，相对于高速铁路建设发展的需求，目前能够满足高速铁路运营、维修人才培养需求的优质教材也存在严重不足，尚不能满足我国高速铁路发展对各类人才培养的需要。

北京交通大学机械与电子控制工程学院作为“铁道部高速动车组理论培训基地”和北京市动车组优秀教学团队所在单位，已长期从事有关铁道车辆专业的教学与科研工作，不但学术水平高，而且教学经验丰富。从2005年开始结合我国高速动车组技术的引进、消化、吸收和创新项目及高速列车国家科技支撑项目，进行研究和实践，取得了许多成果。在参考了国内外动车组设计资料、与国内外有关设计、制造、管理局等方面进行了相关技术和学术交流，在广泛听取来自企业和运用部门提出应加快对运营单位各专业人员进行岗位培训要求的基础上，组织相关专家、教授、高级技师等进行高速动车组运营工程师、技师培训讲义的编写，在内容的适用性、安全性、可靠性与全面性方面保持与国际高速动车组技术同步，并承担由铁道部下达的各项培训任务，至今已为各单位培训高速动车组运营、维修、管理人才4 000余人，为保证我国快速发展的高速铁路事业做出了相应的贡献。

今天，这套倾注了众多专家、教授、技师及铁路部门有关领导和工程技术人员大量心血的“动车组系列培训教材·机械师”即将由北京交通大学出版社付梓面世。这套教材的出版，恰逢其时，我们有理由相信它能够为促进我国高速铁路动车组的安全可靠运营和维护提供一个良好的支撑！

祝我国的高速铁路事业进一步健康、蓬勃、快速发展。

中国工程院院士

2012年5月

前言

2007年，我国铁路实施第六次提速，铁路客运速度达到并超过200 km/h，标志着我国已经进入高速铁路国家的行列。客运列车是我国自行制造的具有自主知识产权的动力分散式电动车组，经过三年多的运用考验，证明动车组运行稳定、可靠性高、运行状况良好。

高速动车组技术先进，系统庞大，设备复杂。为保证动车组运行安全可靠、延长动车组的使用寿命，必须对动车组进行必要的日常维护、保养和定期检修。目前，我国铁路已建动车组运用所19个，动车组维修基地4个，形成了庞大的动车组维修保养体系。然而，在动车组维修保养方面还缺乏大量的技术人员。为此，铁路有关部门制订了"铁路动车组机械师理论培训和考核大纲"，旨在全面系统地培养铁路动车组机械师。根据此大纲要求，北京交通大学出版社特组织编写一套培训系列教材，共12本包括：《动车组概论》、《动车组车体结构与车内设备》、《动车组转向架》、《动车组车内环境控制系统》、《动车组电力电子技术基础》、《动车组供电牵引系统与设备》、《动车组制动系统》、《动车组辅助电气系统与设备》、《动车组运行控制系统》、《动车组控制与管理系统》、《动车组司机室》、《动车组运用与维修》等。

《动车组概论》为该系列培训教材之一。该教材比较详细地介绍了日本、法国和德国高速铁路的发展历史和现状，以及动车组所涉及的关键技术，重点叙述了动车组车体设计、动车组转向架技术特点和性能、动车组牵引供电和弓网关系及4种类型的国产动车组和CRH380系列动车组。本教材是动车组机械师理论培训的基础教材，使读者全面系统地了解高速铁路发展历史和高速动车组及其关键技术，为其他课程的学习打下基础。

本教材共分5章：第1章概论，介绍世界主要国家高速铁路的发展、动车组组成及其关键技术、国外主要国家高速列车；第2章动车组车体技术，重点介绍动车组车体结构的空气动力学设计、车体轻量化设计、车体密封和隔声技术；第3章动车组转向架技术，重点介绍动车组转向架技术特点、高速转向架应具备的性能、国外主要国家的动车组转向架；第4章动车组牵引供电，重点介绍动车组供电方式及特点、高速接触网、高速受电弓；第5章国产动车组技术，重点介绍4种类型的动车组组成、车体结构、转向架及主要设备等，并简要介绍CRH380系列动车组平面布置。

本书第1章～第3章由北京交通大学宋永增编写，第4章和第5章由北京交通大学动力工程系刘伟编写。宋永增担任主编。

由于水平所限，时间仓促，疏漏和不足之处在所难免，恳请广大者读提出批评和建议。

编　者

2012年5月于北京

Contents

目录

第1章 概 论

1.1 高速铁路概况

旅客运输的高速化已成为一种世界潮流，对各国的交通运输结构带来较大的冲击。速度已成为各种交通运输方式参与市场竞争的主要手段。从1825年世界上第一条铁路建成并通车开始，铁路逐渐成为了交通运输中的重要运输方式之一。20世纪初期，世界主要国家的铁路里程不断增加，仅美国的铁路运营里程就曾经达到40多万km，日开行旅客列车15 000余列。铁路在交通运输中扮演了最重要的角色，成为最受欢迎的旅行交通运输方式之一。铁路与其他交通运输方式相比，有着许多技术经济上的优势，曾有过辉煌的发展历史。但自20世纪50年代开始，汽车工业得到了大发展，高速公路异军突起；20世纪60年代超音速巨型客运飞机出现，航空运输日新月异。铁路在和上述交通运输方式竞争中处于不利地位，曾一度沦为“夕阳产业”。

高速铁路伴随着经济、科技、社会发展的步伐应运而生。高速铁路的出现和迅速崛起，使铁路固有的优势得以充分发挥，为铁路的发展注入了新鲜血液。同时，各国的经济发展受能源问题、环保问题、资源及土地的合理利用问题等的困扰，促使人们把解决交通运输问题的目光重新转向了铁路，尤其是高速铁路。快速、可靠、舒适、经济和环保是铁路在与其他运输方式竞争中取胜的先决条件。许多国家都在通过新建或改建既有线，发展高速铁路。

1.1.1 铁路分类

国际上通常是根据铁路线路允许列车运行的最高速度对铁路进行等级划分的。对列车而言，首先要明确最高运行速度和最高试验速度两个基本概念。最高运行速度是指列车在保证安全及结构强度等条件下，并具有良好运行性能时所能达到的最高连续行使速度。最高试验速度指列车设计时，按安全及结构强度等条件所允许的列车行驶的最高速度。具体划分如下：

（1）普通铁路：最高运行速度100～160 km/h；

（2）快速铁路：最高运行速度160～200 km/h；

（3）高速铁路：最高运行速度≥200 km/h（既有线改造）；

最高运行速度≥250 km/h（新建线）。

1.1.2 高速铁路高新技术

高速铁路是当代高新技术的集成，是一个庞大而复杂的系统工程，包括高速铁路线路、高速列车和高速铁路安全运行管理系统。

1. 高速铁路线路

高速铁路线路是实现高速的基础，高速铁路线路所涉及的新技术包括：

① 高标准的平、纵断面设计；

② 高速无碴轨道新结构；

③ 高速道叉；

④ 高速路基、路桥过渡段；

⑤ 高速铁路桥梁；

⑥ 高速铁路隧道；

⑦ 高速牵引供电系统等。

2. 高速列车

高速列车是高速铁路新技术的核心，所涉及的新技术有：

① 优良的空气动力学外形设计；

② 车体结构轻量化设计；

③ 高性能转向架技术；

④ 复合制动技术；

⑤ 密接式车钩缓冲装置；

⑥ 交流传动技术；

⑦ 列车自动控制及故障诊断技术；

⑧ 车厢密封隔声与集便处理技术；

⑨ 高性能受电弓技术；

⑩ 倾摆式车体技术等。

3. 高速铁路安全运行管理系统

高速铁路安全运行管理系统是高速铁路的神经中枢，所涉及的新技术有：

① 高速列车速度控制技术（ATC）；

② 无线列车控制系统——移动闭塞（ETCS）；

③ 高速综合调度中心（CTC）；

④ 高速铁路线路监测诊断系统；

⑤ 自然灾害报警系统（地震、泥石流、台风、大雪、暴风雨等）；

⑥ 高速列车定期检修系统（整列动车组架车检修）；

⑦ 高速铁路旅客服务系统（安全、舒适、正点、便利）等。

1.1.3 高速铁路客运特点

高速铁路之所以受到各国政府的普遍重视，是由于高速铁路与高速公路和中长途航空运输相比具有以下特点。

① 节约旅客送达时间。中长途旅客选择乘坐交通工具，首先考虑耗费的旅行总时间，即旅客从出发地到达目的地的“门到门”时间。耗时越少，被选择的可能性就越大。在

旅行时间方面，在 85 ~1 058 km 范围内，乘坐高速列车一般比乘坐其他公共交通工具节省时间。如：日本东京—新大阪全长 515.3 km，运行时间 2 小时 30 分；法国巴黎—里昂全长 417 km，运行时间 2 小时。

② 安全性和舒适度。安全和舒适是旅客最为关心的因素。高速公路车祸频繁，美国每年因车祸死亡的人数约为 5.5 万人，死伤人数多达 200 多万人，德国、法国和日本每年高速公路事故死亡人数也在万人以上，并有近 10 万人因伤致残；民航失事也时有发生；而铁路因行车事故造成的旅客伤亡人数则大大低于公路和民航运输。1985 年联邦德国铁路、公路和民航运输的事故率（每百万人 km 的伤亡人数）之比大致为 1:24:0.8。公路大轿车的事故率为铁路的 2.5 倍。日本对 20 世纪 70 年代以来所发生的旅客生命财产事故分析表明，汽车事故是铁路事故的 1 570 倍，飞机事故是铁路事故的 63 倍。据我国 1987 年至 1988 年统计，铁路完成的换算周转量约为公路的 3 倍，而发生的事故件数仅为公路的 1/4，死亡人数为公路的 1/282，受伤人数为公路的 1/1 500。就高速铁路而言，日本近 40 年，法国近 10 年，从未发生过列车颠覆和旅客死亡事故。

③ 准时性。航空运输受气候影响，航班很难做到准点，有时还会停航。国外高速公路经常发生堵塞，行车延误在所难免。高速铁路则是全天候行车，线路为全封闭，设有先进的列车运行与调度指挥自动化控制系统，能确保列车运行正点，比其他交通运输方式准确可靠，1 000 km 内乘坐高速列车比乘坐飞机花费时间少。高速列车正点率高，日本平均误点 0.6 ~0.8 min，如果晚点超过 1 min，即为晚点列车。ICE 列车平均正点率达 90%，到站误差小于 5 min。

④ 能源消耗低。根据日本近年来的统计，各种交通运输工具平均每人 km 的能耗，高速铁路为 571.2 J，高速公路公共汽车为 583.8 J，是高速铁路的 1.02 倍；小轿车为 3 309.6 J，是高速铁路的 5.79 倍；飞机为 2 998.8J，是高速铁路的 5.25 倍。每人 km 消耗能源比为（高速铁路: 小汽车: 飞机）1:5.79:5.25。

⑤ 占用土地少。复线铁路占地宽度为 20 m，而一条 4 车道高速公路的占地宽度为 26 m，是复线铁路的 1.3 倍甚至更多。如以单位运能占地相比较，高速铁路仅为高速公路的 1/3 左右。飞机航道虽不占用土地，但一个大型机场需用地 20 km^2，相当于 1 000 km 复线铁路的占地面积，而 1 000 km 航线内至少要有 2 ~3 个大型机场，总占地约为铁路的 2 ~3 倍。

⑥ 运输能力大。根据国外资料，高速铁路客运专线每天开行的旅客列车为 192 ~240 对，如每列车平均乘坐 800 人，年均单向输送能力将达 5 600 万 ~7 000 万人。4 车道高速公路客运专线，单向每小时可通过小轿车 1 250 辆，全天工作 20h，可通过 2 500 辆。如果大轿车占 20%，每辆车平均乘坐 40 人，小轿车占 80%，每辆车平均乘坐 2 人，则年均单向输送能力为 8 760 万人。航空运输主要受机场容量限制，如一条专用跑道的年起降能力为 12 万架次，采用大型客机的单向输送能力只能达到 1 500 万 ~1 800 万人。可见，高速铁路的运能远大于航空运输，而且一般也大于高速公路。如日本东海道新干线年运量 1.7 亿人次，是航空 10 倍，高速公路 5 倍，但运输成本只是其 1/5 及 2/5。

⑦ 环境污染轻。在旅客运输中，各种交通工具有害物质的换算排放量，铁路每人公里为一氧化碳0.109 kg，公路为0.902 kg，是铁路的8倍。在噪声污染方面，日本假定航空运输每千人km产生的噪声为1，则小轿车为1，大轿车为0.2，高速铁路为0.1。

⑧ 经济效益和社会效益高。高速公路的交通堵塞和事故给国民经济带来了巨大损失。欧共体国家用于解决公路堵塞的费用约占国民生产总值的2.6%～3.1%，总金额在900亿～1 100亿美元之间，相当于整个欧洲高速铁路网的全部投资；用于处理公路事故的费用也占国民生产总值的2.5%。

修建高速铁路的直接经济效益也是很显著的。日本和法国的实践证明，其直接投资收益都在12%以上，一般可在10年之内还清全部贷款，其社会效益也在20%以上。据日本资料，旅客由于从既有线改乘新干线高速列车，每年可节约旅行时间3亿小时，即每年节省的时间效益相当于当时修建东海道新干线所需的全部费用。法国一条高速铁路的效益是一条6车道高速公路的3倍多。同时，高速铁路对促进国民经济发展、提高国家综合科技水平也起着巨大的推动作用。

1.1.4 高速铁路线路特点

高速铁路的线路平面和纵断面的设计，必须满足行车安全平顺、旅客舒适和便于线路维修等要求，而且必须力求在工程和运营两方面经济上最为合理。线路的平面图是由直线和曲线组成的，曲线包括圆曲线和缓和曲线。

1. 超高与曲线半径

列车在曲线上运行时，车辆和旅客都要经受离心力。离心力 F 大小为：

$$F = \frac{mv^2}{R} = \frac{Gv^2}{gR} \tag{1-1}$$

式中：m ——车辆的质量，kg；

G ——车辆的重量，$G = mg$，N；

v ——列车通过曲线时的速度，m/s；

R ——曲线半径，m；

g ——重力加速度，9.81 m/s^2。

离心力不但增加了列车与线路之间的轮轨相互作用力，而且也影响旅客的乘坐舒适度。为了减少列车通过曲线线路时旅客经受的离心力和轮轨之间的相互作用力，国内外铁路都采用在曲线线路上设置超高的办法，即把曲线线路外轨抬高，而内轨保持原来的高度不变。外轨超高 h 的理论计算公式为：

$$h = 11.8\frac{v_{平}^2}{R}(\text{mm}) \tag{1-2}$$

式中：$v_{平}$ ——通过曲线的各次列车的平均速度，km/h；

R ——曲线半径，m。

从式（1－2）可知，超高 h 与列车平均速度 $v_{平}$ 和曲线半径 R 有关。

最大超高的选择应保证在曲线上停车而又遇到大风时，不致使列车倾覆，并考虑不同速度的列车所产生的未平衡离心加速度不致过大。目前，除日本东海道新干线规定最大超高为200 mm外，其余各线及其他各国高速铁路干线最大超高基本上在180 mm及以下。

曲线带来的影响主要有两点。

① 降低行车速度。曲线会给运行中的列车造成一种附加阻力，称为曲线阻力。曲线半径越小，曲线阻力越大，运营条件越差。在其他条件相同时，运行速度也越低。

② 增加轮轨磨耗。曲线半径越小，磨耗越大。

几个主要国家高速铁路的曲线半径见表1－1。

表1－1　几个主要国家高速铁路的曲线半径　　单位：m

法国		德国	意大利	日本			
TGV－PSE	TGV－A			东海道	山阳	东北	上越
4 000 （3 200）	6 000 （4 000）	7 000 （5 100）	3 000	2 500 （2 000）	4 000 （3 000）	4 000	4 000

注：（）内为最小半径。

2. 缓和曲线线型及长度

在直线与圆曲线之间设置缓和曲线，当列车由直线（或圆曲线）驶向圆曲线（或直线）时，使离心力逐渐产生或逐渐消失，并减缓轮对对外轨的冲击。列车从直线经由缓和曲线进入圆曲线，在缓和曲线范围内，曲率和超高由零过渡到圆曲线地段的规定值，这种过渡是逐渐递变的，应满足行车安全和旅客舒适度的要求。随着列车运行速度的提高，过去使用的三次抛物线缓和曲线难以完全满足旅客对舒适度的要求，轨道稳定条件也受到一定影响。为了改善这种状况，有些国家研究采用了曲线型超高顺坡缓和曲线（即目前选用的半波正弦曲线）。在这种缓和曲线范围内，与曲率相适应的超高也按曲线变化，并规定适当的变化率。

缓和曲线的长度对行车的安全平顺性有直接影响。缓和曲线太短将不利于行车的安全平顺，缓和曲线太长又将给设置和养护带来困难。一般缓和曲线的长度应考虑以下因素。

① 外轨超高递增坡度不致使轮对内侧车轮脱轨。

② 轮对外侧车轮升高速度不致影响旅客的舒适度。

③ 未平衡离心加速度的增长率不致影响旅客的舒适度。

3. 夹直线

列车通过同向或反向曲线时，受力情况极为复杂，除因外轨超高使车辆绕线路纵轴转动外，还有缓和曲线起点和终点处的冲击及未平衡离心加速度变化的影响等。因此，必须在同向曲线或反向曲线之间加入一段夹直线。夹直线应尽量长些，特别是反向曲线时的夹直线更应长些，这对运营是有利的。因为列车通过反向曲线时，其曲线单位附加阻力比单个曲线大，影响运行中列车的稳定性与安全性。

法国高速铁路规定，相邻曲线的夹直线最小长度为0.5 v（m）。德国高速铁路的夹直线最小长度按0.4 v（m）计算。日本高速铁路则规定：一般应大于100 m，列车速度低于110 km/h时，可大于50 m。我国拟建高速铁路最小夹直线按下式确定。

一般条件下：$l_{min} = 0.8v_{max}$；

困难条件下：$l_{min} = 0.6v_{max}$。

其中，v_{max} 为列车最高运行速度。

4. 正线线间距及交会列车净距

在高速复线铁路上，两列车交会时将产生巨大的会车压力波，引起列车横向摇晃。乘客在车内可明显感受到列车交会时车辆的横向冲击和摇晃。这是因为，会车时最初的风压力使列车相互排斥，当接近列车尾部时变为相互吸引。该风压力近似地与双方向列车相对速度的平方成正比。因此，需要根据具体情况选择适当的线路间距。

日本铁路曾对此做过研究与试验。在区间线路上，当两列速度为250 km/h的列车交会时，作业人员站在距两车距离为0.8 m的中间还是安全的，从而规定线路中心距至少为4.2 m。在站内线路上，除考虑安全距离0.8 m外，还要计入人体宽度0.4 m，则站内线间距为4.6 m。

法国以TGV动车组进行空气动力试验后，认为在300 km/h情况下，4 m线路间距是可行的。但考虑未来发展和便于设置渡线，此值规定为4.2 m；德国则规定为4.5 m。

对于高速铁路而言，正线线间距主要由列车交会时产生的会车压力波及其梯度所决定。采用较大的线间距，无疑会使工程投资增大，但列车的气密性、门窗结构强度等要求则可适当降低，节约部分投资；而维持较小线间距将增加列车的成本，但可降低少部分工程造价。

5. 最大坡度

限制坡度的大小对运营和工程两方面均有影响。在运营方面，坡度增大，牵引重量减少，列车速度降低；而工程方面，可以适应地形，减少建设线路的工程量。

高速线路的最大坡度除与地形条件有关外，还与高速列车的牵引功率、牵引特性和制动性能有直接关系。日本东海道新干线的正线最大坡度为15‰，在2.5 km以内允许增到18‰，列车回送线延长250 m以内，最大坡度可不大于30‰，列车停车及解编的线路最大坡度不大于3‰。我国拟建高速铁路区间最大坡度一般不超过12‰，困难条件下不超过20‰。

6. 竖曲线半径

在铁路线路的纵断面上，由于列车在经过相邻两坡段的变坡点时会产生附加应力和附加加速度，其值与坡度代数差成正比。坡度代数差用绝对值 $\Delta i = |i_1 - i_2|$ 来表示，其中，i_1 和 i_2 分别为坡段1和坡段2的坡度。因此，在设计纵断面时，相邻坡段的坡度代数差应尽量小，不得超过允许的最大值。为保证行车的安全平顺，超过时应由竖曲线来连接两个相邻的坡段。

竖曲线半径一般采用圆曲线形。竖曲线半径的大小，除应保证列车经过变坡点时车钩不脱钩、车轮不脱轨外，还应考虑在竖曲线上产生竖向离心加速度及离心力对旅客舒适度的影响。理论分析认为，在一定的机车车辆构造等条件下，竖曲线半径与行车速度有关，行车速度越高，竖曲线半径应越大。

法国TGV东南线的竖曲线半径采用25 000 m，TGV大西洋线采用16 000 m；日本除东海道新干线采用10 000 m外，其余各线均采用15 000 m。

我国拟建高速铁路上的竖曲线半径标准如表1-2表示。

表1-2 我国拟速高速铁路竖曲线半径标准

最高速度/（km/h）	竖曲线半径/m
160～250	15 000
250～300	20 000

1.2 世界主要国家高速铁路发展

目前，世界上已有很多国家拥有高速铁路，其中运营时间较长的国家主要有日本、法国和德国等。本节将介绍这些主要国家高速铁路的发展。

1.2.1 日本高速铁路

1964年10月1日，日本东海道新干线东京—新大阪高速铁路正式开通并投入商业运营，这是世界上第一条完全按照高速行车技术条件建造的铁路，其最高运行速度达210 km/h。东海道新干线的建成通车不仅为日本铁路，而且也为世界铁路开创了新纪元。日本新干线投入商业运营，以高速、安全、准时、舒适、运量大、污染小、能耗低及占地面积少等特点而著称。它不仅为日本经济的腾飞、社会的发展起到了举足轻重的作用，而且也为铁路的复兴奠定了基础，为当时“夕阳产业”的铁路注入了巨大的活力，再次掀起与高速公路和航空运输竞争的态势。

20世纪50年代中期，日本国民经济在复兴后得到高速发展，全国范围内的旅客运输量和货物运输量急剧增长。在当时并不十分发达的日本航空运输和汽车运输条件下，大量的客流集中涌入铁路运输，使日本既有铁路的客运能力和客流量之间的供求矛盾日益尖锐，作为日本本州岛上东西方向铁路大动脉的东海道本线（东京—新大阪）只占日本铁路总长的3%，却承担全国客运量的24%和货运量的23%，运输能力极为紧张，其乘车难、购票难在全国尤为突出。如果这种状况继续发展下去，将严重阻碍日本经济的发展。因此，修建新的东海道铁路运输通道、提高铁路运输能力成为迫在眉睫的问题。对此，日本国铁、社会运输专业机构及决策机构均认为解决东海道铁路通道运输能力有3种方案：第一种方案是在既有东海道本线实现四线化，从咽喉地段开始，逐步四线化加强铁路通过能力。铺通一段即可提高一定的运输能力，投资见效快；第二种方案是修建新的窄轨复线通道进行分流，与既有铁路线路标准、轨距、机车车辆及运输模式保持一致；第三种方案是建设标准轨距的高速新干线，采用与日本既有铁路路网轨距（1 067 mm）不同的国际上通用标准轨距（1 435 mm）的线路，增加车辆的宽度和定员，并采用新技术提高列车的运行速度，这样可以大大提高运输能力。但建设标准轨距新干线铁路不但投资巨大，而且新技术的含量也相当高，当时国际上铁路运输的最高运营速度还没有超过 200 km/h 的先例，因而风险也比较大。并且由于轨距不同，新干线与既有路网干线不能接轨，使得机车车辆的运用受到限制。针对上述三种方案，日本国内在决定采用哪种方案的争论十分激烈。一开始支持前两种方案的势力占了绝对上风，赞成并支持第三种方案的人数占少数。为此，日本成立了专门的国有铁路干线调查委员会，对修建东海道新干线的可行性进行充分的论证，进行了机车车辆、线路、通信信号等方面的技术准备。1958 年，该委员会向日本运输大臣提出了《关于加强东海道干线运输能力及其现代化的建议》。该建议主要内容包括：

（1）东海道既有线运能到 1961—1962 年间将达到饱和，列车严重超员，应修建新的东海道新干线；

（2）从新干线的运能、速度和安全出发，应采用 1 435 mm 的标准轨距；

（3）东京—新大阪间高速列车运行时间约 3 h，曲线半径 2 500 m，建设工期为 5 年。

在日本政府正式批准修建东海道新干线之前，主要解决了以下几个关键问题：

① 最高时速 200 km 是否可行；

② 安全、正点运输是否可行；

③ 与高速公路竞争，经济上是否可行；

④ 如何解决资金来源问题；

⑤ 工期 5 年建成是否可行；

⑥ 东京—新大阪间设置哪些车站等。

围绕是否修建东海道新干线的问题争论十分激烈，经过多次可行性论证，使得新干线方案得到确认。1958 年日本内阁会议终于批准了东海道新干线的建设计划。

接下来的一个十分重要的问题是资金筹措问题。当时日本国民经济实力并不十分雄厚，国家财政和国有铁路对新干线的投资有很大的顾虑。因而当初设计东海道新干线时采用了降低工程造价的设计，尽管如此，资金缺口仍然十分巨大。最后通过各种努力，争取到了国家担保的部分世界银行贷款，才保证了东海道新干线的顺利开工。

东海道新干线于 1959 年 4 月正式开工（部分隧道工程于 1958 年底开工），经过 5 年的建设，于 1964 年 3 月完成铺轨，同年 7 月竣工，10 月 1 日在第 18 届东京奥林匹克运动会开幕之前正式开通。

日本新干线高速铁路分布如图 1-1 所示。东京—新大阪新干线全长 515.4 km，全线工程费约 3 800 亿日元。全线共设 15 个车站，平均站间距离 36.8 km，最大站间距离为 68.1 km，最小站间距离为 15.9 km。每天列车运行对数从开通时的 30 对增长到 1976 年的 137.5 对，年运送旅客从 1964 年的 1 100 万人次到 1976 年的 8 500 万人次。从东京到大阪运行时间只需 3 小时 10 分钟，旅行速度为 164.2 km/h。到了 1992 年 3 月，旅行时间又缩短到 2 小时 30 分钟，旅行速度提高到 206.2 km/h，旅行时间比原来缩短了 21%。

东海道新干线通车后取得了非常好的经济效益和社会效益。对日本国土的综合和均衡开发起到了非常重要的作用。为此，1970 年日本政府制订了旨在由新干线铁路形成全国铁路网的全国新干线铁路整备法。根据日本全国新干线铁路整备法，日本于 1972 年和 1975 年分别建成山阳新干线东段（新大阪—冈山）和西段（延至博多），全长 553.7 km；1982 年 6 月和 1982 年 11 月，分别开通东北新干线（496.5 km）和上越新干线（269.5 km）；北陆新干线（117.4 km）于 1997 年 10 月开通，东北新干线延伸线盛冈—八户段（96.6 km）于 2002 年 12 月 1 日开通，2010 年 12 月 4 日东北新干线全线通车。2004 年 3 月九州新干线（博多—鹿儿岛）新八代—鹿儿岛开通。2011 年 3 月 12 日全线通车。目前，日本新干线全部营业里程已达 2 663.6 km。加上 1992 年 7 月 1 日开通的山形小型新干线（福岛—山形，87.1 km）；1999 年底开通至新庄（总长 148.6 km）；1997 年秋田小型新干线（盛冈—秋田，全长 127.3 km）。这两条小型新干线是在既有线上增设第三轨，拓宽了轨距，使新干线列车能直通到更多的城市。截至 2002 年，日本新干线运送旅客已约 65.78 亿人次，日均约 80 万人次，每天有 750 列高速列车运行，全年客运量达 3 亿人次，约是日本国内航空客运量的 4 倍。日本新干线高速铁路线路主要数据见表 1－3。

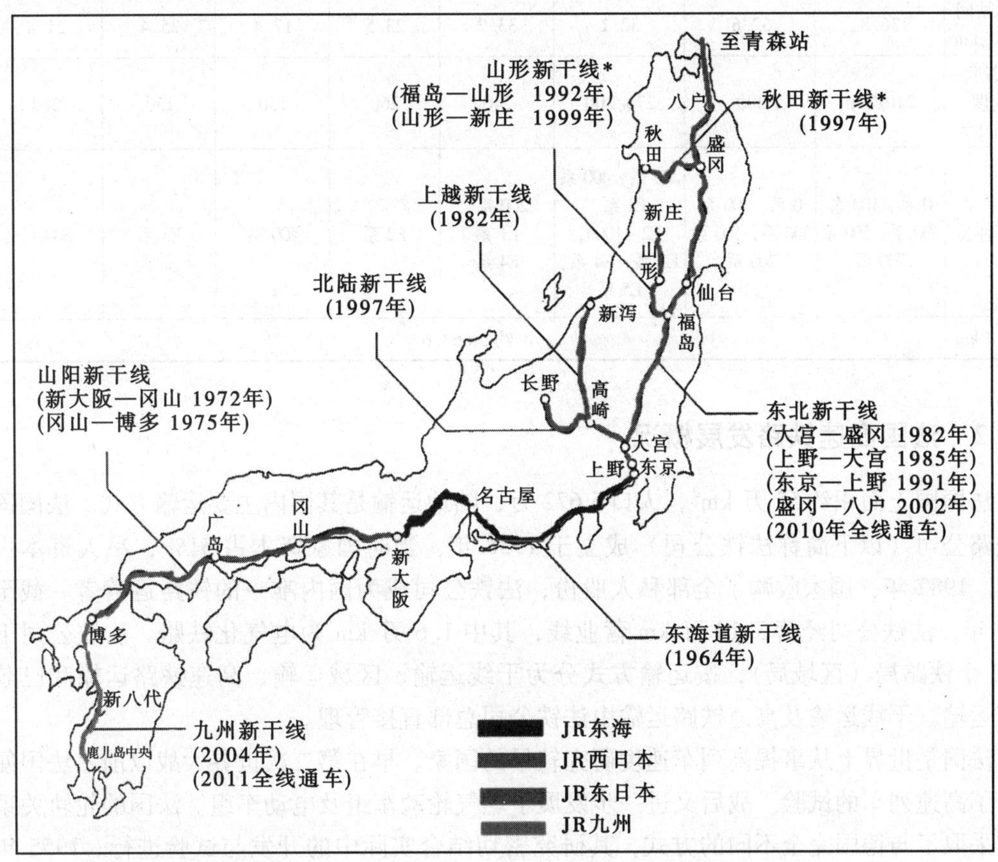

图 1－1 日本新干线高速铁路分布图（＊米轨改为准轨）

表 1-3 日本新干线高速铁路线路主要数据

项　目	东海道新干线	山阳新干线	东北新干线	上越新干线	北陆新干线	山形小型新干线	秋田小型新干线	九州新干线
运营公司	JR 东海公司	JR 西日本公司	JR 东日本公司	JR 东日本公司	JR 东日本公司	JR 东日本公司	JR 东日本公司	JR 九州铁路公司
营业里程/km	东京—新大阪 515.4	新大阪—博多 553.7	东京—青森 674.9	大宫—新泻 269.5	高崎—长野 117.4	福岛—新庄 148.6	盛冈—秋田 127.3	博多—鹿儿岛 256.8
开行时间	1964.10.1	冈山 1972.3.15 博多 1975.3.10	大宫—盛冈 1982.6.23 上野—大宫 1985.3.14 东京—上野 1991.6.20 盛冈—八户 2002.12.1 全线通车 2010.12.4	1982.11.15	1997.10.1	福岛—山形 1992.7.1 山形—新庄 1999.12	1997.3.22	新八代—鹿儿岛 2004.3 全线通车 2011.3.12
车站数量	15	18	21	9	6	6	6	12
平均站间距离/km	36.8	32.6	32.1	33.7	23.5	17.4	25.4	21.4
最高运行速度/(km/h)	210/270	300	275/300	240	260	130	130	260
车辆种类	0系，100系 300系，500系 700系	0系，100系 300系，500系 700系	200系，400系 E1系，E2-1000，E3系，E4系，E5系	200系，E1系 E4系	E2系	400系	E3系	800系
总长/km	约 2 663.6							

1.2.2 法国高速铁路发展概况

法国国土面积约55万 km^2，人口5 672万，陆地运输是其国内主要运输方式。法国国营铁路公司（以下简称法铁公司）成立于1938年，当时国家资本占51%，私人资本占49%。1982年，国家收购了全部私人股份，法铁公司成为国内唯一的铁路运营者。截至1999年，法铁公司经营3.18万 km 营业线，其中1.6万 km 为电气化铁路。法铁公司下设23个铁路局（区域局），按运输方式分为干线运输、区域运输、高速铁路运输和巴黎大区运输。干线运输及高速铁路运输由法铁公司总部直接管理。

法国是世界上从事提高列车速度研究较早的国家。早在第二次世界大战以前，法国便进行了高速列车的试验。战后又进一步发展了燃气轮动车组及电动车组。法国的轮轨关系研究采取了与德国完全不同的方式，其研究密切结合实际中的开发与试验进行。1955年即利用电力机车牵引创造了331 km/h 的世界纪录。

多年以来，铁路作为一种安全快速的公共交通工具，一直是法国交通运输系统中的骨干。但到了20世纪70年代，迅速发展起来的公路和航空运输打破了这一格局。随着经济的高速增长和科学技术的进步，随着人们工作节奏的加快和生活重量的提高，传统的铁路已越来越不能适应旅客运输的需要。行车速度长期徘徊在 160 km/h 的法国铁路也如其他欧洲国家铁路一样，面临着严峻的挑战，形势迫使人们向速度要效率、要市场、要出路。与此同时，科学技术的进步使大幅度提高列车速度成为可能，1964 年日本东海道新干线建成并投入运营，大大激发了法国铁路同行的积极性。他们在日本东海道新干线的基础上，开始从更高的起点研究和发展高速铁路。

法铁公司于 1967 年着手研究高速新线计划，并向政府呈报了修建巴黎（Paris）—里昂（Lyon）高速新线的可行性报告。其目标是要研制一种高性能、高速度并面向大众的新型列车，建造一条高质量的铁路新线，向旅客提供一种安全、舒适、快速的出行方式，解决巴黎和里昂这两个法国最大的城市间的铁路干线运输能力饱和的问题，同时把一度被飞机和小汽车吸引走的客流夺回来。1972 年，法国研制了 TGV001 号燃气轮动车，并创下了318 km/h的世界纪录。由于出现能源危机，1975 年 TGV 燃气轮动车改用了电驱动方案。1978 年 12 月，第一列电动车组的最高速度达到了 280 km/h。法铁公司希望通过这场技术革命扭亏为盈，获得显著的经济效益。

法国政府对法铁公司递交的修建东南线高速铁路计划进行了全面的论证和审查，认为发展高速铁路具有如下的优越性。

1）对项目的经济评价与社会评价是乐观的

该项目不需要国家投资而完全由法铁公司筹资兴建，经济评价结果表明，它能带来显著的经济和社会效益，企业的内部收益率将达到 15%，社会收益率将达到 30%。

2）可以解决巴黎—里昂之间运输饱和问题

建造一条高速新线专门从事客运，一方面可以大大增加客运量，满足两大城市间的运量要求，另一方面可以改善既有线路上的货运和区间客运。

3）可以提高整个国土的通达性

由于高速新线与既有铁路网的兼容性，可以使高速列车进入大城市，并以既有线允许的速度通达远离新线终端的大城市，这就使与铁路有关的区域交通、市区市郊交通及公路交通得到改善。

4）有利于环境保护

各国大力发展航空和公路运输带来了严重的环境问题，而高速铁路是能耗最低、占地最少的交通运输方式，而且污染很少，对环境保护十分有利。

5）可以促进铁路高科技的发展

高速铁路是当代高科技综合集成的产物。修建高速新线将充分发挥法国工业界的潜力，促进铁路及相关产业的技术进步。

基于上述考虑，法国政府批准了法铁公司提出的计划，1976 年东南线高速铁路被宣布为公用事业，从此以后，法国高速铁路系统走上了迅速发展的道路，在技术、经济、商业等方面都取得了巨大的成就，20 多年来，一直居于世界铁路运输的前沿。

法国高速铁路对速度目标值的追求是独具特色和遥遥领先的。法国高速铁路网如图 1-2所示。1981 年，法国高速列车（简称 TGV）在东南线南端部分投入运营，试验纪录达到 380 km/h，最高运行速度达到 270 km/h，打破了传统铁路运行速度的概念。20 多

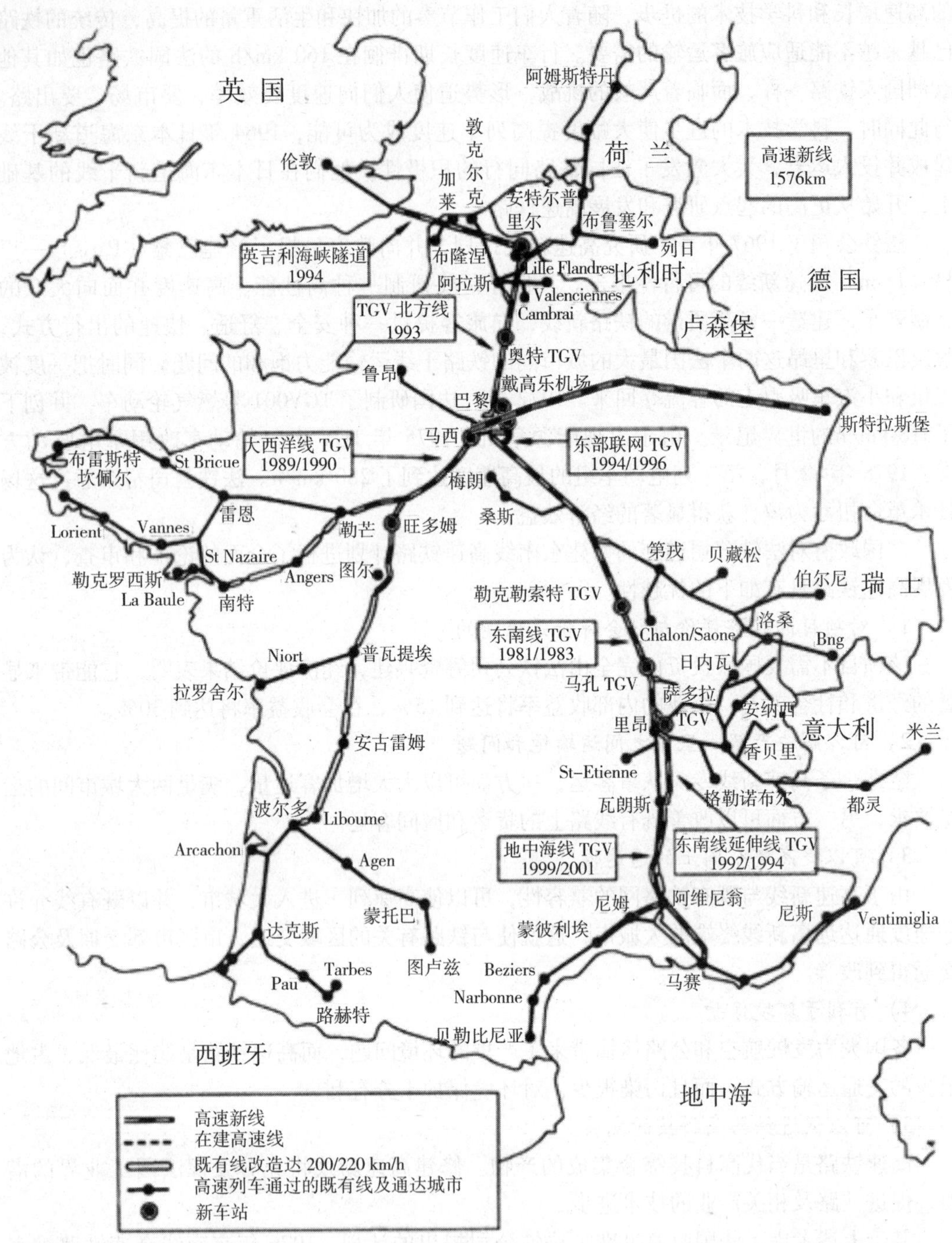

图 1-2　法国高速铁路网

年来，法铁公司从未停止过为实现更高速度目标而进行的一切努力，1990 年建成并投入运营的大西洋线 TGV，全长 298 km，1993 年建成并投入运营的北方线，全长 334 km，以及 1994 年建成并投入运营的东南线延伸线，全长 127 km，列车运行速度均为 300 km/h；2001 年建成并投入运营的地中海线 TGV，全长 263 km，列车运行速度可达 350 km/h；1990 年 5 月，TGV 在大西洋线上创造的 515.3 km/h 的世界纪录，令世界瞩目。与此同时，ALSTOM 公司于 1990 年向法铁公司提出了一个新的研究开发计划，即研制“第三代”高速列车。如果说 TGV 东南线（简称 TGV－PSE）使用的是第一代高速列车，TGV 大西洋（简称 TGV－A）和北方线（简称 TGV－R）使用的是第二代高速列车的话，则第三代高速列车指的是已于 1996 年投入运营的速度为 300 km/h 的高速双层列车，简称 TGV－2N。第一代至第三代高速列车均为动力集中式。随着法国高速铁路网的不断延伸以及 TGV 高速列车出口量的不断增加，现已研制出性能更高、速度可达 350 km/h 的第四代动力分散式高速列车（简称 AGV）。

AGV 高速列车于 2007 年年底推出，由法国 ALSTOM 公司研制，最高运行速度为 350 km/h。2007 年 4 月 3 日，由 ALSTOM 公司研制的 AGV 试验列车创造了 574.8 km/h 的最高试验纪录，打破了由法国自己保持的 515.3 km/h 的纪录。如图 1－3 所示，AGV 试验列车为 5 辆编组的双层列车，车辆之间仍采用铰接式联接，采用动力分散配置的牵引方式，头车是将用于东部线 TGV－POS 列车的动力头车，中间一节车的上层是旅客乘坐空间，下层是牵引系统设备。全列车共有 8 个转向架，其中 6 个动力转向架和 2 个非动力转向架，动力转向架采用交流永磁同步电机驱动。

图 1－3　AGV 试验列车

AGV 高速列车与 TGV 高速列车相比具有以下优点：

① 采用动力分散式结构，比相同长度的 TGV 高速列车载客更多，并可根据用户需要设计成不同的编组数量；

② 采用铰接式，比相同编组数量的 TGV 高速列车还减少 2 个转向架，而轴重仍然控制在 17 t 以下。以 10 辆编组为例，AGV 高速列车只有 11 个转向架，而 TGV 高速列车有 13 个；

③ 采用永磁同步电机，结构更简单，单位功率的电机重量更低。

法国高速铁路线路主要数据见表 1－4。

表 1－4　法国高速铁路线路主要数据

线路名称	东南线	大西洋线	北方线	联络线	东南延伸线	地中海线	东部线
区　间	巴黎—里昂	巴黎—图尔 巴黎—勒芒	巴黎—里尔 巴黎—加莱	环巴黎	里昂—瓦朗斯	瓦朗斯—马赛	巴黎—斯特拉斯堡
修建里程/ km	417	298	334	109	127	263	420

续表

线路名称	东南线	大西洋线	北方线	联络线	东南延伸线	地中海线	东部线
开始运营时间	南段 1981.9 北段 1983.9	到勒芒 1989.9 到图尔 1990.1	到里尔 1993.5 到加莱 1994.10	南部 1994 西部 1996	北段 1992 南段 1994	2001	2007.6
最高营业速度/（km/h）	270	300	300	300	300	350	320/350
高速列车类型	TGV - PSE	TGV - A	TGV - N TGV - TMST	TGV - R	TGV - 2N	TGV - 2N	TGV - R 翻新 AGV
总里程/ km	约 1 968						

法国高速铁路自起步就采用较高的速度目标值，主要基于以下几个方面的考虑。

1）客观上的必要性

面对航空、公路等交通运输部门的激烈竞争，铁路运输必须缩短列车运行时分，提高服务质量，才能保持对旅客的吸引力。法国铁路选用 270 ~ 300 km/h 作为速度目标值，使其在中长途旅客运输中完全可以与飞机、小汽车竞争。

2）技术上的可能性

高速铁路是由高质量的铁路新线、性能先进的机车车辆和控制系统组成的庞大技术系统，它集中采用了当代高新技术，而法国工业界具有多年研制和开发高速列车的经验，实力雄厚，在技术上完全可以实现较高的速度目标值。

3）经济上的合理性

由于固定设备和移动设备投资的高低直接影响到项目投资的大小，因此必须在对运量和收入进行预测、对成本和投资进行估算的基础上，计算社会经济效益是否合适，速度目标值的选择应考虑最终有较为理想的投资回报率。法国铁路选择 300 ~ 350 km/h 速度目标值，使它获得了较大的市场份额，因此取得了巨大的社会经济效益。

事实证明，法铁公司选择较高的速度目标值是正确的。目前，发展高速铁路的国家都在调整和提高本国高速铁路的速度目标值。而法铁公司则又制订了今后的研究目标，在向更高的速度目标值冲击。

1.2.3 德国高速铁路发展概况

德国位于西欧。二次世界大战后，东、西德分治长达 40 年，1990 年 10 月两德统一，现有国土面积 35.6 万 km^2，人口 7 580 万；目前共有铁路营业里程 38 500 km，其中电气化铁路约 19 000 km。自从 1835 年纽伦堡到菲尔特的第一条长度仅为 11 km 的铁路在德国建成以来，德国铁路已有 160 多年的历史。1915 年铁路鼎盛时期，线路里程曾达 62 400 km。

原联邦德国铁路技术发展较快，开发了 TEE 城间快速列车（140 km/h）。20 世纪 60 年代初，又开发了新型快速豪华旅客列车“莱茵金子”号，最高速度可达 200 km/h，这种列车往返于阿姆斯特丹和瑞士之间，成为原联邦德国铁路所拥有的高级国际长途客车的中坚。在 1965 年慕尼黑国际运输展览会期间，从慕尼黑到古德斯堡，每天开行 200 km/h 快速列车，证明了当时原联邦德国铁路和铁路工业的效率与速度达到新水平。

德国已建成的高速铁路共有5条，如图1－4所示。汉诺威—维尔茨堡，全长327 km；曼海姆—斯图加特，全长107 km；汉诺威—柏林，全长264 km；科隆—法兰克福，全长219 km；纽伦堡—慕尼黑，全长171 km。德国高速铁路最高营业速度已达330 km/h。

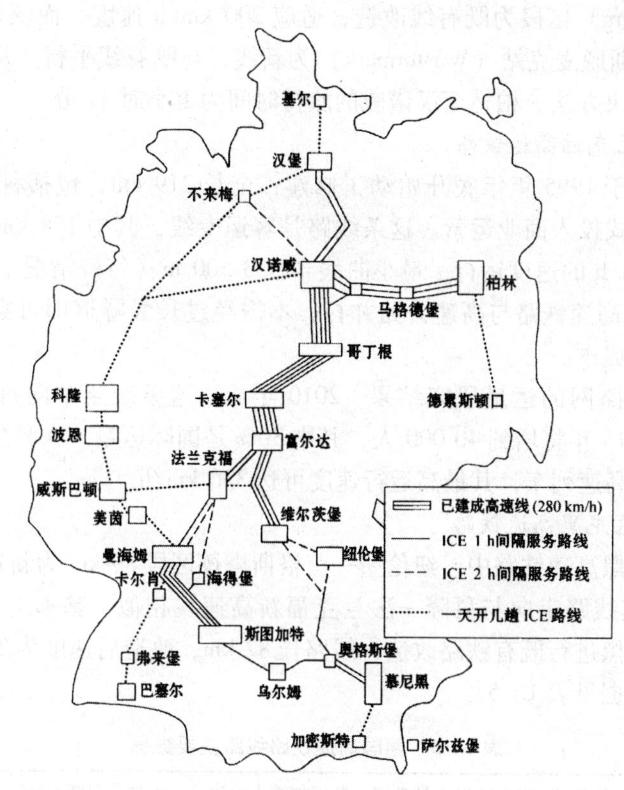

图1－4 德国高速铁路建设现状（至1999年）

1）汉诺威—维尔茨堡和曼海姆—斯图加特高速铁路

汉诺威—维尔茨堡线全长327 km，于1970年计划兴建，1973年开始施工，但进展缓慢，1982年后才加快施工进度，1987年完成94 km投入使用，1991年全部投入使用。曼海姆—斯图加特线全长107 km，其中新线99 km，1971年计划兴建，1976年开始施工，1991年投入使用。

这两条线均采用客货混合运输模式。最小曲线半径7 000 m（特殊地段5 700 m），最大坡度12.5‰。客运采用ICE-1型高速列车，轴重最高19.5 t，最高运行速度280 km/h，一般为250 km/h。货运机车轴重21 t，货车轴重22.5 t，运行速度80～120 km/h。

从1991年起陆续交货的60列ICE-1型高速列车运营在包括这2条高速铁路在内的3条干线（EC/ICE/IC）上。ICE-1型高速列车在保证中途停站不变的情况下，使汉诺威到斯图加特的旅行时间缩短到原来的68%，使法兰克福到斯图加特的旅行时间缩短到原来的64%。除ICE-1型高速列车外，传统的IC列车和地区间的列车也在新线上运行。

2）汉诺威—柏林高速铁路

这条高速铁路总长 264 km，于 1992 年动工修建，1998 年 9 月竣工投入运营。此线也采用客货混合运输模式，其中 170 km 为新建双线。曲线半径为 4 400 m，最大坡度 12.5‰。在这条高速铁路上运行 ICE-2 型高速列车，最高运行速度 280 km/h。汉诺威—沃尔夫斯堡（Wolfsburg）区段为既有线改造，适应 200 km/h 速度，而沃尔夫斯堡（Wolfsburg）—柏林的沃斯脱麦克站（Wustormark）为新线，与既有线平行。从环境保护观点考虑，这是最好的解决办法。柏林至汉诺威的旅行时间为 1 小时 47 分。

3）科隆—法兰克福高速铁路

这条高速铁路于 1995 年年底开始动工修建，全长 219 km，包括科隆机场线 15 km，于 2002 年 12 月正式投入商业运营。这条线路是客运专线，其中 158 km 的区段铺设无碴线路，能以 300 km/h 的速度运行，最小曲线半径 3 500 m（特殊情况下 3 350 m），最大坡度为 40‰。这条高速铁路与高速公路并行，不需经过长大隧道即可穿越群山，既保护了环境，又节省了成本。

根据欧洲高速路网的运量研究结果，2010 年后，这条线路单向每天旅客发送量为 26 000人，而到 2015 年将增到 40 000 人，其中 30% 是国际运量。在科隆—法兰克福新线上将运营 ICE-3 型高速列车，其最高运行速度可达 330 km/h。

4）纽伦堡—慕尼黑高速铁路

纽伦堡—慕尼黑高速铁路中，纽伦堡—茵格斯塔德区段 89 km 为新建高速线，最高速度为 300 km/h，其线路走向与科隆—法兰克福新高速线相似，基本上与高速公路平行。茵格斯塔德至慕尼黑进行既有铁路改造，线路长 82 km，改造后速度为 200 km/h。德国高速铁路线路主要数据见表 1-5。

表 1-5 德国高速铁路线路主要数据

项　目	汉诺威—维尔茨堡	曼海姆—斯图加特	汉诺威—柏林	科隆—法兰克福	纽伦堡—慕尼黑
线路里程/km	327	107	264	219	171
其中新建线里程/km	327	99	170	219	89
运营开始日期	部分 1987， 全部 1991	1991	1998	2002	2006
最高运行速度/（km/h）	250/280	250/280	250/280	300/330	300
列车类型	ICE-1	ICE-1	ICE-2	ICE-3	–
总里程/ km	约 1088（其中 904 为新建线）				

现已开行高速列车的国家还有：西班牙、意大利、韩国、瑞典、英国、美国、奥地利、俄罗斯、荷兰等。

1.2.4 中国高速铁路的崛起

按照“引进先进技术、联合设计生产、打造中国品牌”及先进、成熟、经济、适用、可靠”的总体要求，从 2004 年以来，通过自主创新，我国在高速列车技术方面取得了举世瞩目的成绩。

2007年4月18日起，铁道部实施全国铁路第六次大面积提速，提速范围包括京哈、京广、浙赣、沪杭、京沪、陇海、胶济等干线，覆盖全国17个省、直辖市。提速干线旅客列车最高运行速度达200 km/h以上。京哈、京沪、京广、胶济等提速干线部分区段可达到250 km/h，这标志着我国铁路既有线提速已经迈入世界先进行列，第六次大提速区域分布图如图1－5所示。这次提速的特点是速度为200 km/h及以上的国产化动车组投入使用。提速后，开行200 km/h及以上线路达6 003 km，客运能力增长18%以上。

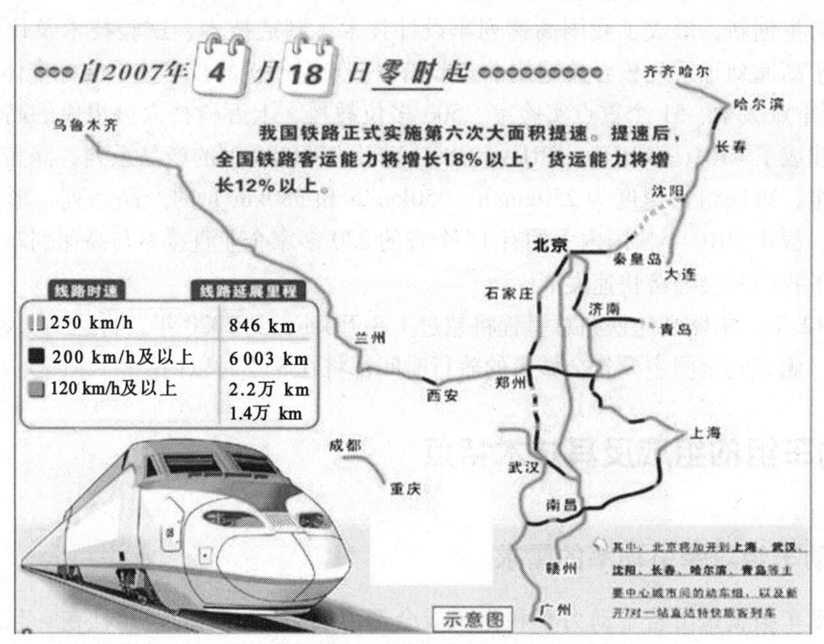

图1－5 铁路第六次大提速区域分布图

2008年8月1日，京—津城际铁路开通运营，最高运行时速达到350 km/h，创造了世界商业运行最高速度纪录，标志着我国已掌握速度350 km/h速度级高速列车核心技术。

2009年12月26日，世界上一次建成里程最长、工程类型最复杂的武—广高速铁路开通运营，创造了速度350 km/h隧道内会车、两列重联条件下双弓受流等一系列世界新纪录，标志着我国能够建设工程类型齐全、大规模、长距离世界一流的高速铁路。

2010年9月28日，在沪—杭高铁运行试验中，拥有自主知识产权的“和谐号”CRH380A高速列车，最高速度达416.6 km/h，创造了世界运营铁路运行试验最高速度。

2010年12月3日，在京—沪高速铁路徐州—蚌埠区间，CRH380A高速列车，最高速度达486.1 km/h，再次刷新了世界运营铁路运行试验最高速度。

2011年8月底，京—沪高速铁路正式通车，最高运营速度为300 km/h。

到目前为止，我国已建成的高速铁路有：京津、合宁、合武、秦沈、胶济、温福、福厦、武广、石太、郑西、京沪、沪宁等。正在建设和规划之中的中国高速铁路网包括：哈尔滨到大连的高速铁路线，建成完工后，东北方向的几个大城市，如哈尔滨、长春、沈阳、大连等到北京，全部控制在3个小时左右。

截至2010年底，中国铁路共投入运营“和谐号”高速列车480组，配属在12个铁路局，包括京哈、京广、浙赣、沪杭、京沪、陇海、胶济等干线，覆盖全国17个省、直辖市。到目前为止，我国高速铁路线路运营里程突破了7 500 km，线路里程居世界第一。全国铁路日开行动车组1 000多列，日发送旅客达到92.5万人。单列车最高运行里程超过200万km，列车累计运营里程超过3.4亿km。

通过自主创新，形成了我国高速列车设计技术、制造技术、试验技术及评估技术平台，掌握了高速列车系列核心关键技术，形成自主知识产权的技术体系和标准体系，构建了由25所重点大学、51个重点实验室、500多位教授、上万科技人员组成的高速列车创新联盟。建成了CRH_1、CRH_2、CRH_3、CRH_5型及CRH380型的产品系列，涵盖座车、卧车、长编组、短编组、速度为250km/h、350km/h和380km/h的产品系列，形成了完整的产业链。截止2010年，国内大约有15个省的220多家企业直接参与高速列车产业链生产，促进了我国社会经济快速发展。

到2012年，中国高速铁路总里程将超过1.3万km；到2020年，将达到1.8万km以上。届时，北京到全国主要省会城市的旅行时间都将在8小时以内。

1.3 动车组的组成及其技术特点

1.3.1 动车组对牵引功率的需求

所谓动车组就是由若干动力车和拖车或全部由动力车长期固定连挂在一起组成的车组。动车组是当今世界高新技术的集成，采用了机械、材料、电子计算机、网络通信、工程仿真等领域的最新技术；采用了高速轮轨关系、大功率牵引、制动控制、列车运行控制、空气动力学工程、可靠性与安全性技术等铁路专业领域的最新重大成果，是高速铁路的标志性装备。

动车组对牵引功率的需求是根据动车组的总重量Q、最高运行速度v_{max}和在该速度下的列车单位阻力ω来确定的，动车组需要的牵引功率N为：

$$N = \frac{Q \cdot \omega \cdot v_{max} \cdot k}{3600} \quad (\text{kW}) \qquad (1-3)$$

式中：Q——动车组总重量，t；

ω——列车的单位阻力，N/t；

v_{max}——列车的最高运行速度，km/h；

k——裕量系数。

列车运行时的阻力由列车运行基本阻力和各种附加阻力组成。列车运行基本阻力是由列车的空气阻力和机械阻力所组成。列车的基本阻力随运行速度的不同而异。低速运行时，以机械摩擦阻力为主；运行速度达到200 km/h时，空气阻力占运行基本阻力的70%；如果运行速度进一步提高，空气阻力所占的比例还将增大。空气阻力与列车运行速度的平方成正比。列车之所以需要很大的牵引功率，是因为列车运行速度越高，空气阻力越大。而这一随运行速度提高而迅速增大的空气阻力就成为动车组运行时的主要阻力。为了克服列车运行阻力，必须具备大功率的牵引动力，而且功率与列车最高运行速度是三次函数关系。

1.3.2 动车组的动力配置特点

所谓动力配置，是指在动车组编组中动力车的数量和所处的位置。动车组的动力配置有两种型式，即动力集中型配置和动力分散型配置。动车组编组中两端为动力车（或一端为动力车、另一端为控制车）、中间为拖车的配置，称为动力集中型配置。在示意图1-6中动力集中型配置中的一辆动车就是一个完整的动力单元，与传统的机车相似，如法国大西洋线高速列车（TGV-A），12辆编组中两端是动力车，中间是拖车，即2动+10拖（简称2M+10T）。

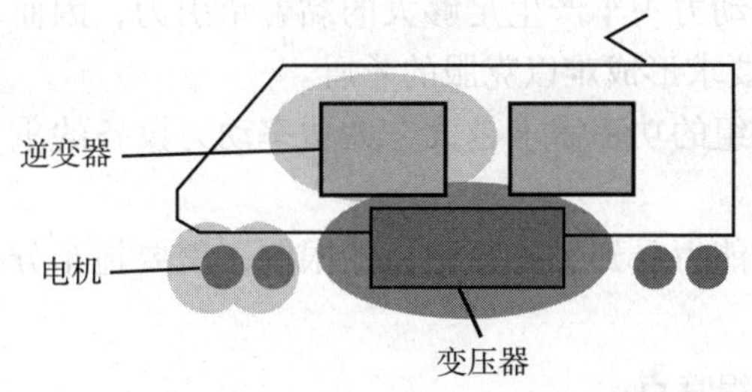

图1-6 动力集中型动力配置示意图

动车组编组中的车辆全部为动力车，或大部分为动力车、小部分为拖车，称为动力分散型配置，示意图如图1-7所示。动力分散型配置通常由二辆或二辆以上车辆组成一个动力单元，可将牵引单元中的变压器和逆变器放在不同车上，使列车轴重比较均匀。如日本的0系高速列车，16辆编组中全部是动力车，即16M。又如日本的100系和700系高速列车，16辆编组中有12辆动力车，4辆是拖车，即12M+4T。我国的4种型号的动车组均采用动力分散型动力配置。

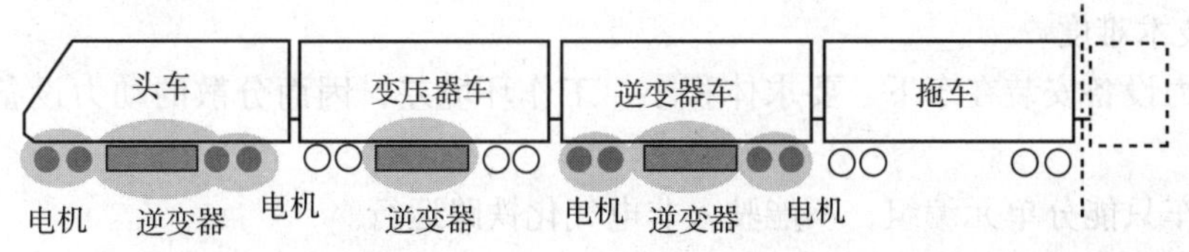

图1-7 动力分散型动力配置示意图

两种类型的动车组都具有自身的特点和发展过程，从其产生和发展历史来看，某个国家或某条高速铁路采用什么类型的动车组，可能与它们的运用条件、运用经验和传统技术有关。因此在选择、比较它们的优劣时不能一概而论，只有详细分析它们的技术特性，结合具体的运用要求和使用条件才能得出比较明确的结论和选型方案。这里就动力集中型与动力分散型两种不同的动车组的优缺点进行分析。

1. 动力集中型动车组特点

1）动力集中型动车组的优点

① 它与传统的列车相似，便于我们按习惯进行运行管理和维修管理。

② 故障相对较高的电气设备、机械设备集中在头车，运用中便于监测和进行技术保养，这些设备的工作环境也较清洁。

③ 机械、电气设备与载客车厢相隔离，车厢内噪声、振动较小。

④ 动力头车可以摘挂（虽然不像传统列车的自动车钩那样方便），方便列车进入既有线。甚至可更换内燃机车，使列车直接进入非电气化铁路运行。

2）动力集中型动车组的缺点

① 动力头车不能载客，相对减少了载客量。

② 动力头车集中了全部动力设备，减轻设备重量比较困难，而高速列车要求列车的轴重尽量轻。

③ 高速动车组需要动力头车产生足够大的黏着牵引力，因而动力车轮的轴重不能太轻，这与第②条提到的要求形成难以克服的矛盾。

④ 速度越高，动车组的功率需求越大，大功率动力设备的重量也相应增大，这与减轻重量的要求又是矛盾。

⑤ 动力头车的制动能力受到黏着牵引力的限制，需要拖车分担部分制动功率，因此列车的制动性能欠佳。

2. 动力分散型动车组特点

1）动力分散型动车组的优点

① 动力车同时可以载客，增加了动车组的载客量。

② 将牵引动力设备和牵引电机的功率和重量分散到各个车辆，较易实现高速列车减轻轴重的要求。

③ 牵引力分散在各个动力车轮上，可解决高速列车大牵引力与轴重限制之间的矛盾。

④ 可以充分利用动力制动功率，列车具有较好的制动性能。

2）动力分散型动车组的缺点

① 车辆下部吊装动力设备，其产生的振动和噪声会影响车厢内的舒适度，增加了隔振降噪的技术难度。

② 动力设备安装在车下，要求体积小，工作环境差，因而分散的动力设备故障率相对较高。

③ 列车只能分单元编组，不能驶入非电气化铁路运行。

④ 与传统运营、维修管理体制和习惯不同，必须建立一套新的维修、保养体系。

⑤ 动力设备分装在各车辆，给车辆本身的减重增加了一定困难。

1.3.3 动车组的组成

动车组作为一个整体，通常由以下 7 个部分组成。

1. 车体

动车组车体分为带司机室车体和不带司机室车体两种。它是容纳乘客和司机驾驶的地方。同时，又是安装与连接其他设备和部件的基础。

2. 转向架

动车组转向架分动力转向架和非动力转向架两种。动力转向架的车轴可以是全动轴，也可以是部分动轴。转向架置于车体和轨道之间，用来牵引和引导车辆沿轨道行驶，同时承受和传递来自车体及线路的各种载荷，并缓和其动作用力。转向架是保证列车运行品质和安全的关键部件。转向架一般由轮对轴箱装置、构架、弹簧悬挂装置、车体支承装置和制动装置组成。对于动力转向架，还包括牵引电动机及传动装置。

3. 车辆连接缓冲装置

车辆编组成列车运行必须借助于连接缓冲装置。其中，机械连接包括车钩缓冲装置和风挡等；同时还有车辆之间的电气和空气管路的连接、高压电器连接、辅助系统和列车供电连接，以及控制系统连接等。

4. 制动装置

制动装置是保证列车减速或准确停车及安全运行所必需的装置。动车组通常采用动力制动与空气制动的复合制动模式。动车组制动装置包括动力制动装置、空气制动装置，以及制动控制系统等。制动控制系统包括动力制动控制系统（如再生制动）、空气制动控制系统，以及电子防滑器等。

5. 车辆内部设备

车辆内部设备是指服务于乘客的车内固定附属装置。如车内电气、供水、通风、取暖、空调、座席、车窗、车门、行李架、旅客信息服务系统等。旅客信息服务系统包括以下3个不同的子系统。

① 广播系统：作为一个单独的子系统工作，如有必要，可通过娱乐系统控制公共广播。

② 显示系统：作为一个单独的子系统，从列车计算机获取信息。

③ 娱乐系统：包括单独的传输系统和接收系统。传输系统控制着列车的信息系统，接收系统控制着听筒控制板和视频监测网络。

6. 牵引传动系统

牵引传动系统包括：主电路、高压设备、受电弓、主断路器、其他高压设备、牵引变压器、牵引变流器、牵引电机及电传动系统的保护等。图1-8和图1-9分别是牵引变压器和牵引变流器外形图。

7. 辅助供电系统

辅助供电系统主要由辅助变流器、蓄电池、充电机等组成。辅助供电系统供电的设备包括：空气压缩机、冷却通风机、油泵/水泵电机、空气调节系统、采暖设备、照明设备、旅客服务设备、应急通风装置及维修用电等。另外，辅助供电系统还具备应急供电功能。应急用电包括：客室应急通风、应急照明、应急显示、维修用电、通信及其控制等。图1-10和图1-11分别是蓄电池和充电机外形图。

图 1－8　牵引变压器

图 1－9　牵引变流器

图 1－10　蓄电池

图 1－11　充电机

另外，从软件角度看，列车自动控制和故障诊断系统也是动车组不可缺少的部分。

1.3.4　动车组的主要技术特点

由于速度的提高，动车组的设计与开发中需要解决一系列关键技术。如果说高速铁路是现代化高新技术的综合集成，那么动车组则是包括材料、机械、电子、计算机和控制等现代技术的集中体现。动车组的主要技术特点有以下 10 个。

1. 优良的空气动力学外形设计

随着列车运行速度的提高，空气的动力作用一方面对列车和列车运行性能产生影响；另一方面，列车高速运行引起的气动现象对周围环境也产生影响。对于高速动车组来说，列车头型（简称头型）设计非常重要，好的头型设计可以有效地减少列车表面压力、空气阻力，会车压力波和隧道内列车表面压力和列车风等问题，从而保证列车运行稳定。图 1－12 所示为具有优良空气动力学性能的 CRH_3 型动车组流线形头型。

2. 车体结构轻量化设计

为了节省牵引功率，降低高速所引起的动力作用对线路结构、机车车辆结构产生的损伤，以及提高旅客乘坐舒适度，需要最大限度地降低高速动车组的轴重，因此世界各国高速列车车体的主要材料是铝合金和不锈钢，从发展趋势看，铝合金将成为动车组车体的主导材料。

图 1-12　CRH3 型动车组空气动力学外形

3. 高性能转向架技术

提高列车运行速度、首先要解决好转向架运行的稳定性、平稳性和良好的曲线通过性能等问题，所以列车高速运行就应有高性能转向架作为保证。对于高性能转向架，要求其具有高速运行的稳定性、平稳性、良好的曲线通过性能。稳定性也称安全性，即保证列车在设计规定的最高速度范围内，在规定的线路条件下，不会脱轨、倾覆和对轨道产生破坏的基本性能；平稳性是列车在规定的线路条件下、在设计最高速度范围内运行时，设备能平稳工作、乘客感到舒适的基本性能；列车通过曲线时，将产生过大的侧压力，造成轮、轨的剧烈磨损，因此良好的曲线通过性能是保证列车安全的基本性能。

4. 复合制动技术

高速列车对制动技术提出了严峻的挑战，因为列车的动能与速度的平方成正比，而在一定的制动距离条件下，列车的制动功率是速度的三次函数。因此，传统的空气制动能力远远不能满足需要。

复合制动主要包括电气动力制动、空气制动和制动控制系统等。空气制动指的是通常列车上采用的踏面制动和盘形制动。电气动力制动包括再生制动、电阻制动、涡流制动及磁轨制动等。动车组制动时，以电气动力制动为主，空气制动作为制动不足时的补充。

动车组制动系统应满足以下条件：①尽可能缩短制动距离以保障列车安全；②保证高速制动时车轮不滑行；③司机操纵制动系统灵活可靠，能适应列车自动控制的要求。因此需要采用大功率盘形制动机；采用复合制动方式，即：空气盘形制动 + 电气动力制动（再生制动） + 非黏着制动（涡流制动和磁轨制动）；按速度控制制动力的大小以充分利用黏着；采用高性能的防滑装置以及采用微机控制等。因此，电气动力制动技术和制动控制技术将成为复合制动技术的关键。

5. 密接式车钩缓冲装置

车钩缓冲装置在列车中起传递纵向力的作用，它直接影响列车纵向冲击的大小、旅客的舒适性和列车的安全性。高速列车对车钩缓冲装置的安全可靠性提出更高的要求，尤其是对车钩缓冲装置的强度和刚度要求。

密接式车钩缓冲装置的两车钩连接面的纵向间隙一般都小于 2 mm，上下、左右偏移也很小，对提高列车的运行平稳性和电气线路、风管的自动对接提供了保证。

目前世界各国高速列车普遍采用来自日本和欧洲的密接式车钩缓冲装置，欧洲的密接式车钩缓冲装置主要有德国的沙库（Schafenberg）公司、BSI－COMPACT 公司和瑞典丹纳（Dellner）公司等。其中以沙库密接式车钩缓冲装置最具代表性，瑞典丹纳公司的密接式车钩缓冲装置的结构与沙库密接式车钩缓冲装置非常接近，差异十分微小。但是，沙库密接式车钩缓冲装置占据了欧洲高速列车的大部分市场，德国 ICE 系列与法国 TGV 系列高速列车全部采用沙库车钩缓冲装置。我国 CRH_1 型动车组采用的是德国沙库密接式车钩缓冲装置，CRH_2 型动车组采用的是日本柴田式密接式车钩缓冲装置，CRH_5 型动车组采用的是瑞典丹纳密接式车钩缓冲装置。

6. 交流传动技术

交流传动系统的变流装置是将单相交流电转变为调频调压的三相交流电。高速列车的交流传动技术经历了从直流传动到交流传动的发展过程。对于要求功率大、轴重轻、黏着利用较好、整车利用率很高的高速列车，交流传动技术具有显著优势。

早期的电力牵引传动系统均采用交—直传动，用直流电动机驱动。由于直流电动机的单位功率重量较大，使高速列车既要求大功率驱动又要求减轻轴重，特别是减轻簧下部分的重量形成难以克服的矛盾。因此直流牵引电动机一般不超过 500 kW。

在交流传动系统中，使用两种不同的牵引电机，即交流同步电机和交流异步电机，如法国选择了自换相三相同步牵引电动机，把单台电机功率提高到 1 100 kW，交流牵引电动机较传统的直流牵引电动机具有额定输出功率大、结构简单、体积小、重量轻、易维修、速度控制方便、效率高等一系列优点。

逆变器技术和交流电机控制技术的进步为采用异步牵引电动机驱动提供了条件。因此交—直—交传动并采用异步电机驱动是高速列车牵引传动系统的发展主流。

7. 列车自动控制系统及故障诊断技术

列车自动控制系统对保证高速列车安全运行有十分重要的作用，世界各国在发展高速铁路时都十分重视列车自动控制系统的研究和开发，研制了多种基础技术设备，例如列车超速防护系统、卫星定位系统、车载智能控制系统、车载微机自动监测和诊断系统等。目前在世界高速铁路上的自动控制方式主要分为两类，一类是以设备控制为主、人控为辅的控制方式，以日本新干线采用的 ATC（列车自动控制）方式为代表。另一类是人机共用、人控为主的方式，以法国高速列车（TGV）为代表，主要采用 TVM300 型安全防护系统及改进的 TVM430 型安全防护系统，德国 ICE 高速列车采用的 FRS 速差式机车信号和 LZB 型双轨交叉电缆传输式列车控制设备等。

8. 车厢密封隔声与集便处理技术

车体具有良好的密封性能也是高速列车必须要解决好的一项关键技术。动车组高速运行时，特别是两动车组在隧道交会时，头、尾车外面的气流压力变化很大，车外压力的波动会反映到车厢内，使旅客感到不舒服，轻者压迫耳膜，重则头晕恶心，甚至造成耳膜破裂。许多国家先后在压力波对旅客舒适性的影响方面进行了研究。

随着动车组运行速度的提高，所产生的噪声也将增大。噪声传到车内，将影响旅客的舒适度，同时造成铁路沿线的环境噪声污染。因此，削弱噪声源、提高车体的隔声性能也是高速动车组必须解决的关键技术。

采用密闭式集便装置，实行污物集中处理势在必行。随着动车组运行速度的提高，车厢气压密封性问题非常突出。因此，高速动车组必须采用密封性能良好的给排水系统及集便处理系统。

全封闭式厕所，在欧、美、日本等国高速列车上已有很长的使用历史。形式也各有不同，大致有以下4种形式：循环式厕所，真空式厕所，喷射式厕所，带有生物作用处理箱的净水冲刷厕所（半开放）系统。

9. 高速受流技术

接触网—受电弓受流系统的受流过程是受电弓在接触网下，以列车行驶的速度在接触网之间滑动完成的，是一个动态过程，这一动态过程包括了多种机械运动形式电气状态变化，因此高速铁路中接触网—受电弓受流具有新的特点。受流系统的电流容量、适用速度、安全性能有了相当大的提高，高速铁路的受流系统必须符合以下基本条件。

① 要保证功率传输的可靠性，必须保证动车组所需要的最低电压，保证动车组的可靠运行，高速列车的电流负荷特性较之常速列车有较大的区别，其特征是脉冲负荷占的比例大，整个牵引供电系统要适应高速列车对电压水平和电流负荷的要求。

② 受流系统的运行安全性。

③ 良好的受流重量。

④ 保证受流系统的使用寿命。

10. 摆式车体技术

为了提高列车通过曲线的速度，国外发展了各种形式的摆式列车，也即通过各种措施，使列车车体在通过曲线时，可以向曲线内侧倾摆，使车体相对轨道平面转动一个角度，车体转动角和轨道超高角的转动方向一致。在车内的旅客感受到的超高角是线路实设超高和车体倾角之和，因此，旅客感受到的重力加速度的横向分量显著增加，可以大幅度抵消列车的离心加速度，使旅客感受到的未被平衡的离心加速度保持在容许范围之内。因此，采用摆式列车可提高曲线限速30%～40%，提高旅行速度15%～20%。

1.4 国外高速列车简介

1.4.1 日本高速列车

1. 发展历程

1）0系高速列车

0系高速列车是日本最早研制出的高速列车，是新干线通车以来的主力车型，在1964年新干线刚通车时，只有30列12节编组，共计360台。在1969—1970年间，实现了16节编组，截止1986年的22年中，共生产了3 216台。0系高速列车在日本铁道史上占有特殊的地位，始终扮演着重要的角色。该型车于1999年9月从东海道新干线退役。

2）100系高速列车

100系高速列车作为0系的后继车型，于1985年诞生，是相隔23年后诞生的新型高速列车，对车内的设备进行了大量的充实和改进，列车的舒适性有了很大的提高，并生产了双层车厢。100系全部为16节编组，与0系全部采用动车方式不同，在编组中有4节拖车，组成了12M4T的结构，这是由于电动机功率的提高和设备小型化、轻量化的结果。座席排列为（2+3），全部为可旋转座椅，座席间距增加到1 040 mm。

3）200系高速列车

200系高速列车是1982年在东北、上越新干线通车时投入运行的。200系高速列车与一般寒冷地区的列车相比，其最大特点是提高了耐寒、耐风雪能力。在1990年，为了提高服务质量，增加了双层车厢，上层为开放型软席车厢，下层设有自助餐车、软席单间和普通标准单间。普通座席排列为（2+3）。

4）300系高速列车

300系高速列车是为东海道新干线而开发的高速列车，是东海道、山阳新干线的主力车型，于1992年开始投入运行。300系是日本从1964年高速铁路开通以来，以全新面貌出现的高速列车，采用16辆编组、10M6T的动力配置方式；三相交流电机驱动，最高运行速度达270 km/h。

5）400系高速列车

400系高速列车是日本首次为了实现新干线与既有线直通行驶而开发的新干线高速列车，由JR东日本公司研制，车体为全钢焊接气密性结构，采用直流电机驱动方式，1992年7月在山形新干线上投入运用，并可与东北新干线列车连接。在通车初期，400系以6节动车编组（6M）运行，后来为了加强客运能力，中间增加了1节拖车，从1995年12月开始以7节编组（6M1T）运行。在新干线区段的最高速度为240 km/h，在既有线区段的最高速度为130 km/h。

6）500系高速列车

500系高速列车是实现最高运行速度300 km/h的新干线高速列车，1996年开始生产，16辆编组，全部为动车（16M），定员1 324人，功率达到18.24 MW，是当时功率最大的高速列车。500系高速列车于1997年3月22在新大阪—博多间投入运行，平均速度为242.5 km/h。

7）700系高速列车

700系高速列车是在300系的基础上开发的后继车型，在乘坐舒适性和对环境适应性等方面进行了大量的改进。700系作为东海道、山阳新干线直通列车，于1999年2月正式投入运营，最高速度270 km/h。700系列车为16辆编组，动力配置为12M4T，定员和座席配置与300系相同，可与300系通用，从而提高了方便性和利用率。

8）800系高速列车

800系高速列车是以700系为基础进行设计的。九州新干线的线路特点是以前其他新干线所没有的。为了开发适应于这种线路条件的列车，在充分采用新干线成熟技术的同时，还有效利用了JR九州既有线的技术。800系为6辆编组，全部为动车，以适应连续坡道区间的牵引和制动性能；车体结构内部充填了减振材料，并采用了静音地板，改善了隧道内的舒适性和车内噪声；为了保证乘客的舒适性，抑制高速运行时车体的横摆，在全部车辆上安装了半有源悬挂系统。此外，还采用了数字ATC，其平滑减速的特性有利于改善舒适性。

9）E1系高速列车

E1系高速列车是日本在新干线上首次采用全部双层车厢编组的列车。由JR东日本公司开发，于1994年7月开始投入运行，最高运行速度为240 km/h。列车采用12辆编组（6M6T），座席定员为1 235人，比同一路段运行的12节编组的200系高速列车增加了40%。为了双层而将电气装置全部设置在地板上方；上层客室高度为1 955 mm（头车为1 975 mm），下层客室高度为2 000 mm，两端的中层客室高度为1 970 mm，列车不设置餐车。

10）E2系高速列车

E2系高速列车是为北陆新干线和东北新干线开发的双频（50/60 Hz）高速列车。北陆新干线长野段于1997年10月通车。1997年3月起也被用来作为东北新干线的高速列车使用，同时还与E3系列车连挂，最高运行速度为275 km/h。列车为8辆编组，采用6M2T的动力配置，每2辆车组成一个动力单元。

11）E3系高速列车

E3系高速列车是作为秋田小型新干线而诞生的新干线高速列车，可以与既有线直通运行。它于1997年3月22日投入运用。列车采用5辆编组，动力配置为4M1T，每2辆组成一个动力单元。该列车在新干线上的最高运行速度为275 km/h，在既有线上的最高运行速度为130 km/h。

12）E4系新高速列车

E4系新高速列车是E1系的进一步发展，是为适应客运量的不断变化、实现灵活运用而开发的全双层车厢的高速列车，于1997年12月投入东北新干线运行。E4采用8节编组、4M4T的动力配置，每2辆车组成一个动力单元。将两列E4系列车联挂，组成16辆编组，座席定员高达1 634人，成为世界上定员最高的高速列车。E4系的座席配置、座席间距、宽度、上下层客室高度等均与E1相同，所担当的运输任务也与E1一样，最高速度仍为240 km/h。

日本高速列车全部采用电动车组的形式。从1964年10月1日起至今，日本的高速列车已走过了40多年的发展历史，从0系高速列车开始，相继研制开发了100系、200系、300系、400系、500系、E1（Max）系、E2系、E3系、E4系、700系和800系等高速列车。

2. 主要技术特征

日本高速列车主要技术特征见表1－6。

表 1-6 日本高速列车主要技术特征

型号		0 系	100 系	200 系	300 系	400 系	500 系
投入运营时间		1964 年	1985 年	1982 年	1992 年	1992 年	1997 年
运营线路		东海道、山阳新干线	东海道、山阳新干线	东北、上越新干线	东海道、山阳新干线	东北、山形新干线	东海道、山阳新干线
供电制式		25 kV/60 Hz	25 kV/60 Hz	25 kV/50 Hz	25 kV/60 Hz	25 kV/50 Hz	25 kV/60 Hz
牵引控制方式		变压器切换	晶闸管相控	晶闸管相控	VVVF 逆变器	晶闸管相控	VVVF 逆变器
动力配置方式		动力分散	动力分散	动力分散	动力分散	动力分散	动力分散
编组		16 动	12 动 4 拖	12 动	10 动 6 拖	6 动 1 拖	16 动
空车编组重量/t		896	857	702	635	318	630
头车长/m		25.15	26.05	25.15(26.05)	26.05	23.075	27
中间车长/m		25	25	25	25	20.5	25
编组长度/m		400.3	402.1	300.3	402.1	148.65	404
总牵引功率/MW		11.84	11.04	11.04	12	5.04	18.24
牵引电动机		直流串励	直流串励	直流串励	三相鼠笼	直流串励	三相鼠笼
制动方式	动车	电阻＋电磁直通	电阻＋盘形	电阻＋盘形	再生＋盘形	电阻＋盘形	再生＋盘形
	拖车	—	盘形＋涡流盘	盘形	盘形＋涡流盘	盘形＋涡流盘	—
最高运行速度/(km/h)		210	230	275	270	240	300
定员		1 285	1 321	885	1 323	399	1 324
型号		700 系	800 系	E1 系（双层）	E2 系	E3 系	E4 系（双层）
投入运营时间		1997 年	2004 年	1994 年	1995 年	1995 年	1997 年
运营线路		东海道、山阳新干线	九州新干线	东北、上越新干线	东北、上越、北陆新干线	东北、秋田新干线	东北、上越新干线
供电制式		25 kV/60 Hz	25 kV/60 Hz	25 kV/50 Hz	25 kV/50/60 Hz	25 kV/50 Hz	25 kV/50 Hz
牵引控制方式		VVVF 逆变器	VVVF 逆变器	VVVF 逆变器	VVVF 逆变器	VVVF 逆变器	VVVF 逆变器
动力配置方式		动力分散（12 动 4 拖）	动力分散（6 动）	动力分散（6 动 6 拖）	动力分散（6 动 2 拖）	动力分散（4 动 1 拖）	动力分散（4 动 4 拖）
空车编组重量/t		630	252.9	693	350	259	428
头车长/m		27.35	27.35	26.05	25.7	23.075	25.7
中间车长/m		25	25	25	25	20.5	25
列车长度/m		404.7	154.7	302.1	201.4	128.15	201.4
总牵引功率/MW		13.2	6.6	9.84	7.2	4.8	6.72
牵引电动机		三相鼠笼	三相鼠笼	三相鼠笼	三相鼠笼	三相鼠笼	三相鼠笼
制动方式	动车	再生＋盘形	再生＋盘形	再生＋盘形	再生＋盘形	再生＋盘形	再生＋盘形
	拖车	盘形＋涡流盘	—	盘形	盘形	盘形	盘形
最高运行速度/(km/h)		270	260	240	275	275	240
定员		1 323	392	1 235	630	270	817

1.4.2 法国高速列车

1. 发展历程

法国 TGV（Train a Grand Vitesse）高速列车运行始于 1981 年，TGV－PSE 为第一代高速列车，运行在巴黎—里昂之间，最高运行速度为 270 km/h。TGV－PSE 型高速列车编组为 1M＋8T＋1M，属动力集中式，全列车共有 13 台转向架，其中 6 台是动力转向架（其中 2 台分别安装在邻近动车的拖车端部），7 台非动力铰接式转向架。两辆拖车端部支承在同一台铰接式转向架上。TGV－PSE 型动车组的总定员数为 368 人。动车 M1 和 M2 在列车两端；一等车 3 辆，二等车 4 辆，酒吧车 1 辆。

TGV－A 大西洋线高速列车是法国第二代高速列车，于 1989 年 9 月在巴黎—勒芒—布里塔尼亚线投入运行。TGV－A 型列车最高运营速度为 300 km/h，最大功率为 8 800 kW，采用动力集中式，12 辆编组（1M＋10T＋1M）。全列车有 15 台转向架，其中动力转向架只有 4 台，非动力转向架 11 台。列车总定员为 485 人，10 辆拖车中有 3 辆头等车，定员 116 人；6 辆二等车，定员 369 人；1 辆酒吧车。

同属第二代高速列车还包括 TGV－R 路网列车、TGV－TMST（欧洲之星）、TGV－PBKA（巴黎—比利时—科隆—阿姆斯特丹）列车等。

TGV－R 网路高速列车是从 TGV－A 衍生而来的，于 1993 年 5 月投入运行，能适用于比利时和荷兰铁路的电流制和信号系统，同时把里尔、巴黎、里昂和波尔多等大城市连接起来，环绕巴黎把法国高速铁路联成一体。TGV－R 列车最高运行速度为 300 km/h，最大功率为 8 800 kW，采用动力集中式，列车编组为 1M＋8T＋1M。动力转向架仍为 4 台，非动力转向架 9 台，定员 377 人，其中一等车 120 人，二等车 257 人。

TGV－PBKA 列车与 TGV－R 基本相仿，不同的是，TGV－PBKA 列车具有 4 种供电制式，以适应 4 国铁路的需要，它们是：法国和荷兰的 DC 1.5 kV、比利时的 DC 3 kV、德国的 15 kV/16 $\frac{2}{3}$ Hz、法国的 25 kV/50 Hz。

TGV－TMST（欧洲之星）高速列车也是由 TGV－A 衍生而来的，于 1994 年 11 月在巴黎—伦敦、布鲁塞尔—伦敦的线路上投入运营，将法国、英国和比利时三国的首都联接起来。1995 年运营线路又从伦敦延长至曼彻斯特和爱丁堡，最高运行速度为 300 km/h，最大功率为 12 240 kW。TGV－TMST 适用于其运行通过的 3 个国家不同的供电制式、信号系统和线路限界。TGV－TMST 共订购 38 列，其中用于巴黎—伦敦、布鲁塞尔—伦敦的 31 列，其编组为 1M＋9T＋9T＋1M，有 6 台动力转向架，18 台非动力转向架，定员 794 人，其中一等车 210 人，二等车 584 人；而用于伦敦北部延长线上的有 7 列，其编组为 1M＋7T＋7T＋1M，以适应英国车站站台较短的要求。所购置的 TGV－TMST 列车中，法国占 40%，英国占 40%，比利时占 20%。

TGV－2N 双层列车是法国第三代高速列车。第一列 TVG－2N 于 1996 年投入运用，运行于连接巴黎和法国北部以及东南线，其载客能力增加 45%。TGV－2N 采用 1M＋8T＋1M 编组，一等车 3 辆，酒吧车 1 辆，上层设酒吧间，下层装充电器、蓄电池组、逆变器和制冷装置等。二等车 4 辆。列车总定员为 377 人，头等车为 120 人，二等车为 257 人。

列车有4台动力转向架、9台非动力转向架，最大功率为8 800 kW，最高运行速度为300 km/h。

AGV是ALSTOM公司研制的第四代动力分散型高速列车，于2007年底推出。2007年推出5辆编组的双层试验列车，车辆之间仍采用铰接式联接，采用动力分散配置的牵引方式，头车是将用于东部线TGV－POS列车的动力头车，中间一节车的上层是旅客乘坐空间，下层是牵引系统设备。全列车共8个转向架，其中6个动力转向架和2个非动力转向架，动力转向架采用交流永磁同步电机驱动。最高速度达到320～350 km/h，最大功率为7 600 kW。AGV由3辆车组成一个牵引单元，装有2台动力转向架和1台非动力转向架。根据需要可以挂上无动力拖车，组成6、7、9、10、12辆车为一列的编组方案，分别表示为AGV6、AGV7、AGV9、AGV10和AGV12。

2. 主要技术特征

法国高速列车主要技术特征参见表1－7。

表1－7　法国高速列车主要技术特征

型　号		TGV－PSE	TGV－A	TGV－R	TGV－TMST	TGV－2N	TGV－PBKA	AGV9*
投入运行时间		1981	1989	1993	1994	1996	1997	2007
运营线路		东南线	大西洋线	北方线，联络线	巴黎—伦敦	东南线	巴黎—布鲁塞尔—科隆—阿姆斯特丹	东部线
动力配置方式		动力集中（2M8T）	动力集中（2M10T）	动力集中（2M8T）	动力集中（2M16T）	动力集中（2M8T）	动力集中（2M8T）	动力分散（6M4T**）
空车编组重量/t		384	450	385	723	380	385	330
列车长度/m		200.12	237.6	200.2	394	200.2	200.2	180
牵引功率/kW	AC 25 kV/50 Hz	6 800	8 800	8 800	12 240	8 800	8 800	7 600
	DC 1.5 kV	3 100	3 600	3 680	—	3 680	3 680	可选
	DC 3 kV	—	—	3 680	5 700	—	3 680	可选
	AC 15 kV/162/3 Hz	2800	—	—	—	—	3680	可选
	DC 750 V	—	—	—	3 400	—	—	—
牵引传动方式		直流	交流	交流	交流	交流	交流	交流
牵引电机		直流电机	同步电机	同步电机	异步电机	同步电机	同步电机	异步电机
制动方式	动车	电阻＋闸瓦	电阻＋闸瓦	电阻＋闸瓦	电阻＋再生＋闸瓦	电阻＋闸瓦	电阻＋闸瓦	电阻＋再生＋涡流盘形
	拖车	盘形＋闸瓦	盘形	盘形	盘形	盘形	盘形	
最高运行速度/（km/h）		270	300	300	300	300	300	320/350
定　员/人		368	485	377	794	545	377	359

注：*表示9辆编组。

**表示6个动力转向架，4个拖车转向架。

法国高速列车技术特点归纳如下。

1）铰接式车体

除两端动车与相邻拖车间未采用铰接式联接外，其余拖车之间全部采用铰接式联接方式。其优点是，高速列车具有优良的整体性，有利于安全（车辆脱轨也不会倾覆）。据法国人介绍，2001年，大西洋线TGV曾在既有线因钢轨断裂导致一起脱轨事故，当时的速度在160 km/h左右，事故后果只是动车和相邻一辆拖车脱轨，全列车没有分离，没有人员伤亡；便于良好的气动性能设计，包括车辆之间的平滑处理和气密性设计；与日本动车组相比，轮轨黏着能得到充分利用；车辆重心低，转向架位于车辆之间，从振动和噪声方面提高了旅客的舒适度；便于加大转向架轴距，提高转向架的高速稳定性；为双层列车设计提供了最佳结构，由于车辆铰接共用一台转向架，可以将车辆通道设在上层而减少楼梯，从而增加了设置座席的面积。

2）车端减振器

在拖车车体之间的端部安装四个纵向油压减振器（每个角一个），可以有效抑制车体的垂向振动、横向振动、点头振动和摇头振动。同时，在两拖车车体上部之间安装横向油压减振器，能够起到车体抗侧滚作用。再加之车体和转向架之间安装抗蛇行减振器，使列车高速运行的稳定性大大提高。

3）同步牵引电机和独立牵引单元设计

采用同步牵引电机和独立的牵引单元设计，以确保一个牵引单元故障时，列车能维持运行或在坡道上起动。

4）体悬式电机悬挂

将动力转向架的牵引电机悬挂在车体底架上，通过三球销万向轴与变速箱联接传递扭矩的传动系统，也是TGV动车组坚持保留的传统技术，它不仅可以大大降低转向架簧下质量，从而减小轮轨之间的动作用力，而且可以延长线路和列车的使用寿命。由于采用了较少的转向架，所以列车对线路的损坏也自然减少很多。

5）从动力集中型向动力分散型方向发展

法国采用动力集中型高速列车已近30年的历史。最初法铁认为动力集中型高速列车维修比较容易，并且有利于降低客室噪声。另外，20世纪70年代发展高速列车时计算机网络技术还不是非常成熟，发展动力分散型从可靠性角度有一定困难。随着计算机技术的飞速发展，使得发展动力分散型高速列车成为可能。事实证明，法国已成功地开发出AGV动力分散型高速列车，并且又创最高试验纪录。

1.4.3 德国高速列车

1. 发展历程

德国铁路自20世纪80年代起开始发展高速列车。1985年，SIEMENS公司与Adtranz公司联合开发的试验型高速列车ICE/V开始投入运行，设计最高速度为350 km/h。ICE/V列车不仅是德国未来高速列车方案的试验，而且成为新型铁路发展的标志。在此基础上，同年12月，德国铁路确定了ICE设计任务书，1986年开始试制ICE-1型高速列车。

1）ICE-1

ICE-1高速列车于1990年7月试制完成，1991年6月2日投入高速线运营。第一列

ICE－1 型高速动车组以 310 km/h 的最高速度进行了大量试验后，以 280 km/h 的最高运营速度得到批准。从 1991 年秋开始，60 列 ICE－1 型高速动车组陆续投入商业运营。ICE－1高速列车牵引传动装置为动力集中型配置，列车编组形式一般为 2M＋12T，两端各有一辆动力车，中间为 12 辆拖车，根据客流情况，也可编组为 2M＋14T 和 2M＋10T。最大牵引功率为9 600 kW，最高运营速度为 280 km/h。客车有 4 种类型：一等车座席 48 个，二等车厢座席 66 个，带特殊设备的二等车座席 45 个和餐车座席 40 个。

2）ICE－2

ICE－2 型高速列车的基本参数与 ICE－1 完全相同，只是它的长度是 ICE－1 型列车的一半，它由 1 辆动力车和 6 辆拖车加 1 辆控制拖车组成。其特点是动力车和控制拖车的流线型车头外壳下面装有自动车钩，可把两列 ICE－2 型动车组联挂在一起，组成一列与 ICE－1 一样长的列车。这是为了适应灵活组织运输的需要，在繁忙线路上以长列车联挂运行，在运量较少的干线或支线上则可分解为短列车运行。ICE－2 型高速列车最高运行速度为 280 km/h，最大持续功率为 4 800 kW，列车全长 205. 4m。ICE－2 客车有 7 种：禁烟一等车、吸烟/禁烟混合一等车、冷饮服务车、带有保育室和乘车区的二等车、禁烟二等车、吸烟敞开式二等车和带司机室的禁烟车。ICE－2 列车总定员 391 人，其中，一等车定员 105 人，二等车定员 263 人，酒吧间 23 人。

3）ICE－3

ICE－3 为动力分散型高速列车，最高运行速度为 330 km/h，最大牵引功率为 8 000 kW；在直流电网下的最高运行速度为 220 km/h，最大牵引功率为 4 300 kW。该列车由 8 辆车组成，编组为 4M4T，两列车可相互重联，但在运营中不能分解。列车最前端车是动车，为一等禁烟车；第二辆为拖车，为一等可吸烟车；第三辆为动车，为一等禁烟车；第四辆为具有餐饮、厨房、客厅、酒吧、乘务员室等的服务车；第五辆为拖车，为二等禁烟车；第六辆为动车，为二等禁烟车；第七辆为拖车，为二等可吸烟车；第八辆为动车，为二等禁烟车。

4）ICE－T

ICE－T 型倾摆式列车最高运行速度为 230 km/h，具有较高的灵活性，可根据时间和运营线路的需要编组，列车功率根据编组情况而变化。目前，德国铁路对于 ICE－T 型高速列车一般采用两种编组形式，即 5 辆车和 7 辆车的编组形式，其功率分别为 3 000 kW 和 4 000 kW，总定员分别为 250 人和 381 人。同时，两列同型或不同型编组列车可联挂，5 辆编组的三列也可联挂。另外，还可通过加挂其他的中间车辆（有动力或无动力）组成新的编组列车。

5）ICE－TD

ICE－TD 型内燃动车组是德国于 1997 年，以 ICE－T 型高速列车为基型设计、开发、研制的，于 2001 年投入运营。它是动力分散型、电传动、高速摆式内燃动车组，其最高运营速度为 200 km/h，是世界上运营速度最高的内燃动车组。动车组的编组形式为 4M，牵引功率为 2 240 kW，列车总定员为 195 人。除 4M 编组外，还可以根据需要增加无动力中间拖车，组成新的编组列车。

2. 主要技术特征

德国高速列车主要技术特征见表1－8。

表1－8 德国高速列车主要技术特征

型号		ICE/V	ICE－1	ICE－2	ICE－3	ICE－T	ICE－TD
投入运营时间/年		1985	1991	1998	2002	1999	2001
投入总数/列			60	44	37	32	21
动力配置方式		动力集中	动力集中	动力集中	动力分散	动力分散	内燃动力分散
编组		2M3T	2M12T	1M6T1T$_C$	4M4T	2M5T	4M
列车全长/m		114	358	205.4	200	184	106.7
列车重量（满员）/t		307	849	442	448	405	232
最大轴重/t		19.55	19.5	19.5	15.0	16.0	≤17.0
供电制式		AC 15 kV $16\frac{2}{3}$ Hz	AC 15 kV $16\frac{2}{3}$ Hz	AC 15 kV $16\frac{2}{3}$ Hz	AC 15 kV $16\frac{2}{3}$ Hz	AC 15 kV/$16\frac{2}{3}$ Hz AC 25 kV/50 Hz DC 3 kV DC 1.5 kV	—
总牵引功率/kW		8 400	9 600	4 800	8 000	3 000/4 000	2 440
制动方式	动车	再生＋涡流＋盘形	再生＋盘形	再生＋盘形	再生＋盘形	再生＋盘形	电阻＋盘形
	拖车	盘形＋涡流	盘形＋磁轨	盘形＋磁轨	盘形＋线性涡流	盘形＋磁轨	—
最高运行速度/（km/h）		300	280	280	330	230	200
定员/人		87	669	391	441	250/381	195

第2章　动车组车体技术

动车组车体是容纳旅客和司乘人员的地方，又是安装或连接车辆其他组成部分的基础。为了使动车组高速运行的安全可靠、舒适性好、轮轨之间的破坏作用小，并能延长线路和动车组的使用寿命，就必须保证动车组运行阻力小、重量轻、气密性和防噪声性能好、防火性能高。因此，在高速动车组车体设计时，应该考虑车体的空气动力学外形设计、车体在满足刚度条件下的轻量化设计、车体的密封和隔声降噪设计等。动车组车体设计中采用了大量新技术、新材料和新工艺，本章就动车组车体所涉及的关键技术进行讨论。

2.1　车体结构的空气动力学设计

2.1.1　车体结构空气动力学设计的必要性

随着列车运行速度的提高，周围空气的动力作用不但对列车和列车运行性能产生影响；同时，列车高速运行引起的气动现象对周围环境也产生影响，这就是高速列车的空气动力学问题。而高速列车的车体外型设计与列车空气动力学密切相关。动车组所涉及的空气动力学问题主要有：动车组运行中列车的表面压力，动车组会车时列车的表面压力，动车组通过隧道时的表面压力等。

1. 动车组运行中列车的表面压力

当动车组在空旷地带平直线上行驶时，空气绕流列车外表面。从风洞试验结果来看，列车表面压力可以分为三个区域，如图2－1所示。

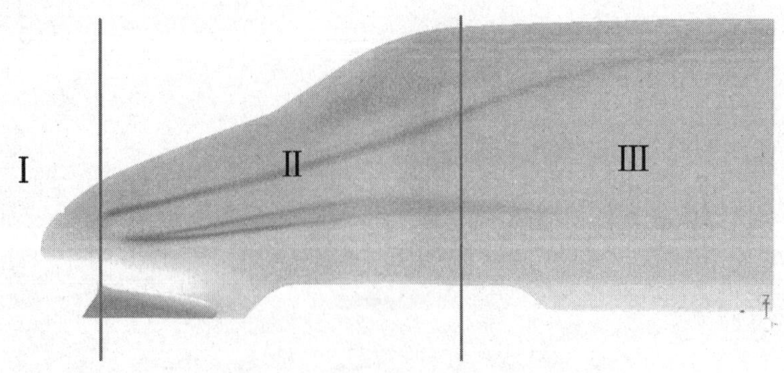

图2－1　列车运行表面压力示意图

① 头车鼻尖部位正对来流方向为正压区（Ⅰ区）。

② 头部附近的高负压区：从鼻尖向上及向两侧，正压逐渐减小，最后变为负压，在接近与车身连接处的顶部与侧面处，负压达最大值（Ⅱ区）。

③ 头车车身、拖车和尾车车身为低负压区（Ⅲ区）。

因此，在动车（头车）上布置空调装置及冷却系统进风口时，应布置在靠近鼻尖的区域内，此处正压较大，进风容易；而排风口则应布置在负压较大的顶部与侧面。

在有侧向风作用下，列车表面压力分布发生很大变化，尤其对车顶小圆弧部位表面压力的影响最大。当列车在曲线上运行又遇到强侧风时，还会影响到列车的倾覆安全性。

2. 动车组会车时列车的表面压力

当一运行列车与另一静止不动的列车会车时，或者两列等速或不等速相对运行的列车会车时，将在静止列车和两列相对运行列车一侧的侧墙上引起压力波（压力脉冲）。这是由于相对运动的列车车头对空气的挤压，将在与之交会的另一列车侧壁上掠过，使列车间侧壁上的空气压力产生很大的波动。随着会车列车速度的大幅度提高，会车压力波的强度将急剧增大。这一压力波产生的冲击力可造成门窗密封的破坏，车窗玻璃破碎；压力波传入车内则会引起乘客耳感不舒适；以及影响周围环境等。我国广—深线准高速列车开通后，运行不到一年时间，由于在列车交会时气压突变，造成机车前窗玻璃震坏两次、客车侧窗玻璃损坏 81 块。

列车交会时产生的最大压力脉动值的大小是评价列车气动外形优劣的一项指标。试验研究和计算表明，动车组会车压力波幅值大小与下列因素有关。

① 随着会车速度的大幅度提高，会车压力波的强度将急剧增大。由图 2－2 可见，当

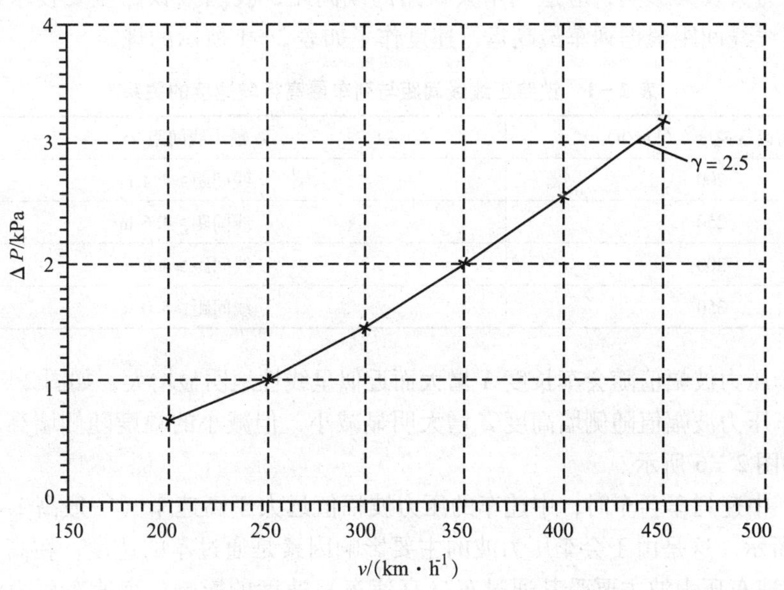

图 2－2　会车压力波幅值与速度的关系曲线

头部长细比 γ 为 2.5，两列车以等速相对运行会车时，速度由 250 km/h 提高到350 km/h，压力波幅值由 1 015 Pa 增至 1 950 Pa，增大近一倍。

② 会车压力波幅值随着头部长细比的增大而近似线性地显著减小，如图 2－3 所示。为了有效地减小动车组会车引起的压力波的强度，应将动车（车头）的头部设计成细长而且呈流线型。

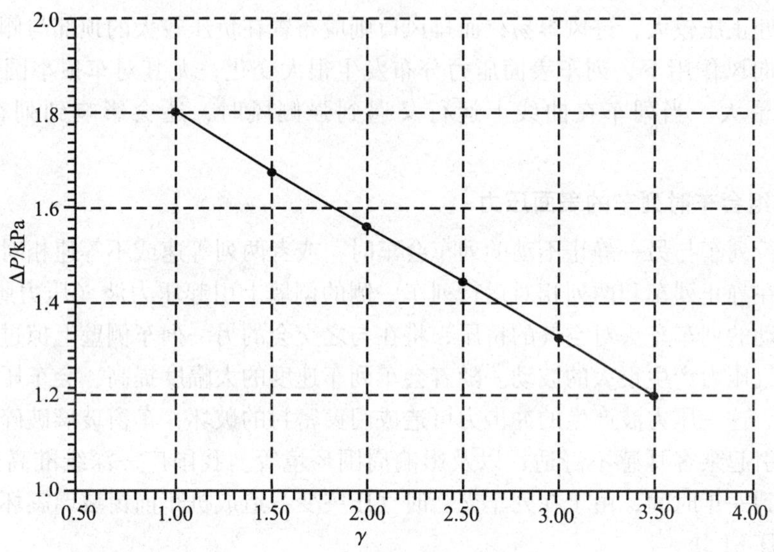

图 2－3　会车压力波幅值与头部长细比的关系曲线

③ 会车压力波幅值随会车动车组侧墙间距 Y 增大而显著减小，如图 2－4 所示。为了减少会车压力波及其影响，应适当增大铁路的线间距，我国《铁路主要技术政策》中对铁路区间正线线间距根据列车最高运行速度作了如表 2－1 所示的规定。

表 2－1　铁路正线线间距与列车最高行驶速度的关系

最高运行速度/（km/h）	最小线间距/m
200	线间距≥4.4 m
250	线间距≥4.6 m
300	线间距≥4.8 m
350	线间距≥5.0 m

④ 会车压力波幅值随会车长度 X 增大而近似呈线性地明显增大，如图 2－5 所示。

⑤ 会车压力波幅值随侧墙高度 Z 增大明显减小，但减小的幅度随侧墙高度增大而逐渐减小，如图 2－6 所示。

⑥ 高、中速列车会车时，中速车的压力波幅值远大于高速车（一般高 1.8 倍以上），如图 2－7 所示。这是由于会车压力波的主要影响因素是通过车的速度，在高、中速列车会车时，中速车压力波主要受其通过车（高速车）速度的影响，高速车压力波主要受其通过车（中速车）速度的影响，所以中速车上的压力波幅值远大于高速车。

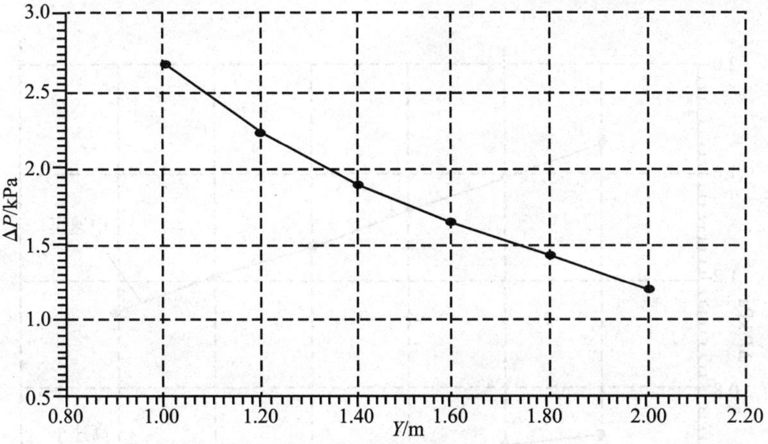

图2-4　会车压力波幅值与侧墙间距的关系曲线

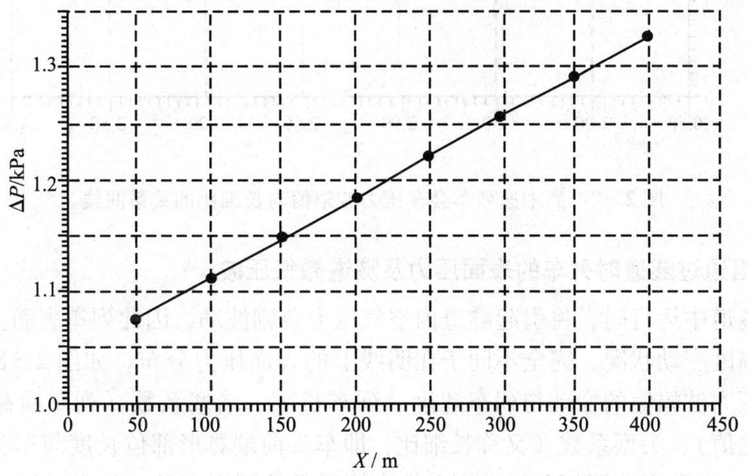

图2-5　会车压力波幅值与会车长度的关系曲线

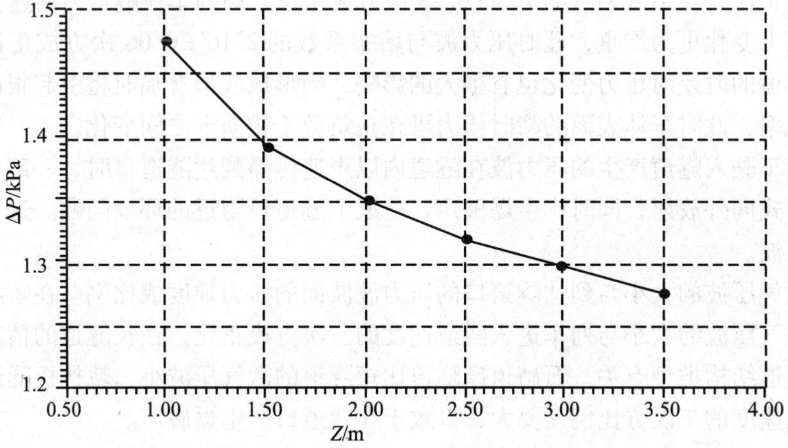

图2-6　会车压力波幅值与侧墙高度的关系曲线

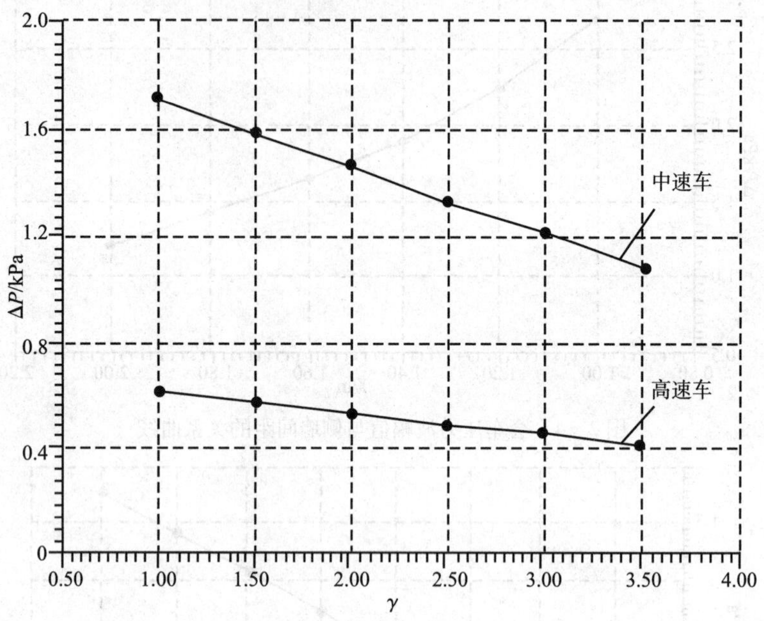

图 2－7　高中速列车会车压力波幅值与长细比的关系曲线

3. 动车组通过隧道时列车的表面压力及隧道微气压波

列车在隧道中运行时，将引起隧道内空气压力急剧波动，因此列车表面上各处的压力也呈快速大幅度变动状况，完全不同于在明线上的表面压力分布，如图 2－8 所示。试验研究表明，压力波幅值的变动与列车速度、列车长度、堵塞系数（列车横截面积与隧道横截面积的比值）、头型系数（又称长细比，即车头前端鼻形部位长度与车头后部车身断面半径之比），以及列车侧面和隧道侧面的摩擦系数等因素有关，其中以堵塞系数和列车速度为重要的影响参数。国外有研究报告指出，单列车进入隧道的压力变化大约与列车速度的平方成正比，与堵塞系数的 1.3 ±0.25 次方成正比。两列车在隧道内高速会车时车体所受到的压力变化更为严重，此时压力波与堵塞系数的 2.16 ±0.06 次方成正比，并且两列车进入隧道的时差对压力变化也有很大的影响，当形成波形叠加时将引起很高的压力波幅值和变化率，此时车体表面的瞬时压力可在正负数千帕斯卡之间变化。

高速列车驶入隧道产生的压力波在隧道内以声速传播到达隧道口时，一部分压力波以脉冲波的形式向外放射，同时产生爆破声，造成了隧道口附近的环境问题。这种波被称为隧道微气压波。

隧道微气压波的大小与到达隧道口的压力波波面的压力梯度成比例。在短隧道的情况下，隧道微气压波的大小与列车进入隧道速度的三次方成正比，在长隧道的情况下，微气压波还与轨道结构类型有关，石碴道床隧道比短隧道的微气压波小，轨枕板隧道微气压波比列车进入速度的三次方比例还要大，以致于在隧道口产生爆破声。

减小压力波梯度可以减少微气压力波。一般采取的措施有：在隧道入口处设置喇叭形的缓冲装置；利用隧道中的支坑道作为压力波的旁通通路使压力外泄；用薄壳联结两个连续的隧道和开设沟槽，使压力波减弱；在设计上减小列车横断面积和采用流线型车头等。

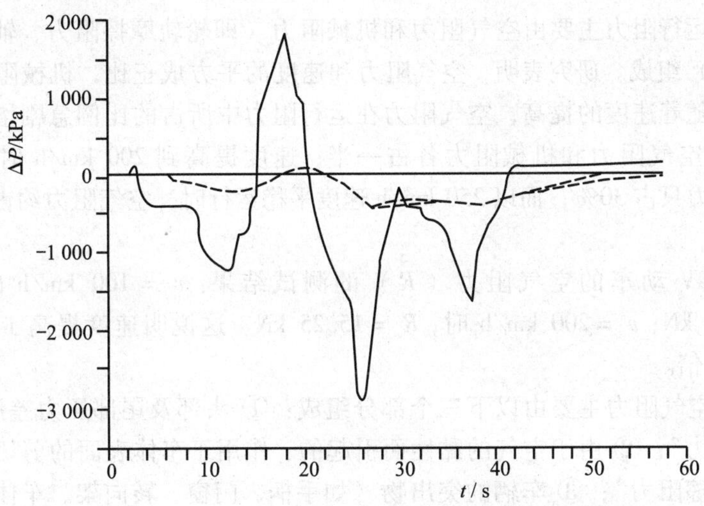

图2-8 隧道中的会车压力波

4. 列车风

当列车高速行驶时，在线路附近产生空气运动，这就是列车风。当列车以200 km/h时速行驶时，根据测量，在轨面以上0.814 m、距列车1.75 m处的空气运动速度将达到17 m/s，这是人站立不动能够承受的最大风速，当列车以这样或更高的速度通过车站时，列车风将给铁路工作人员和旅客带来危害。

高速列车通过隧道时，在隧道中所引起的纵向气流速度约与列车速度成正比。在隧道中，列车风将使道旁的工人失去平衡，将固定不牢的设备等吹落在隧道中，这些都是潜在的危险。国外有些铁路规定，在列车速度高于160 km/h行驶时，不允许铁路员工进入隧道。列车速度稍低时，也不让员工在隧道中行走和工作，必须要在避车洞内等待列车通过。

5. 列车空气动力学的力和力矩

图2-9中示出了作用于车辆上的空气动力学的力和力矩，其中有：空气阻力、升力、

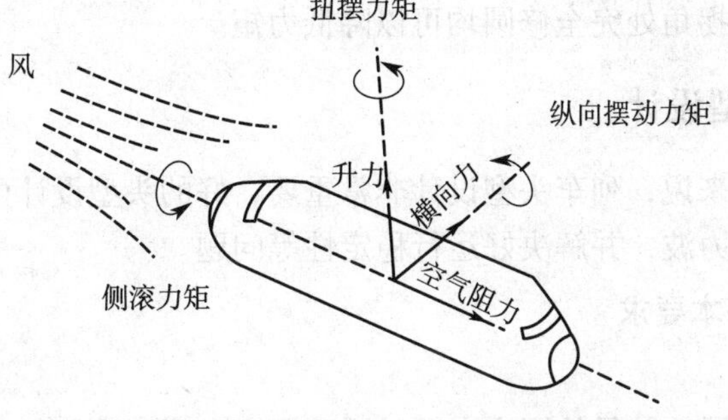

图2-9 作用在车辆上的空气动力学的力及力矩

横向力，以及纵向摆动力矩、扭摆力矩和侧滚力矩。下面作一简要介绍。

1）空气阻力

动车组的运行阻力主要由空气阻力和机械阻力（即轮轨摩擦阻力、轴承等滚动部件的摩擦阻力等）组成。研究表明，空气阻力和速度的平方成正比，机械阻力则和速度成正比。因此，随着速度的提高，空气阻力在运行阻力中所占的比例急剧增加。如速度为100 km/h 时，空气阻力和机械阻力各占一半；速度提高到 200 km/h 时，空气阻力占70%，机械阻力只占 30%；而以 250 km/h 速度平稳运行时，空气阻力约占列车总阻力的80% ~90%。

法国对 TGV 动车的空气阻力（R）的测试结果：v = 100 km/h 时，R = 5.526（80% ~90%）kN；v = 200 km/h 时，R = 15.25 kN。这说明速度提高 1 倍，空气阻力（R）约提高 3 倍。

动车组的空气阻力主要由以下三个部分组成：① 头部及尾部压力差所引起的阻力，称为“压差阻力”；② 由于空气的黏性而引起的、作用于车体表面的剪切应力造成的阻力，称为“摩擦阻力”；③ 车辆的突出物（如手柄、门窗、转向架、车体底架、悬挂设备、车顶设备及车辆之间的连接风挡等）所引起的阻力，称为“干扰阻力”。

减少动车组的空气阻力对于实现高速运行和节能都有重要意义，因此需要对车体外形进行最优化设计，以便最大可能地降低空气阻力。

2）升力

将动车组车辆表面的局部压力高于周围空气压力者称为正压力，局部压力低于周围空气压力者称为负压力。作为一个整体，车辆是受正的（向上的）升力还是受负的（向下的）升力，取决于车辆所有截面的表面压力累加结果是正还是负。

升力也与列车速度的平方成正比，动车组的升力不可忽视。正升力将使轮轨的接触压力减小，为此将对列车的牵引和动力学性能产生重要影响。

3）横向力

动车组运行中遇到横向风时，车辆将受到横向力和力矩的作用，当风载荷达到一定程度时，横向力及其侧滚力矩、扭摆力矩将影响车辆的倾覆安全性。

试验研究结果表明，车辆受横向风的气动阻力特性，不仅与车辆形状有关也与桥梁、路基等的形状有关。就车辆形状而言，车顶越有棱角，其阻力越大。风洞试验研究表明，最佳的车体横断面形状应当是：车体侧面平坦，其上下部内倾（可以降低升力）、顶部稍圆、车顶与车体侧面拐角处完全修圆均可以降低力矩。

2.1.2 动车组头型设计

对于高速动车组来说，列车头型设计非常重要，好的头型设计可以有效地减少运行空气阻力、列车交会压力波，并解决好运行稳定性等问题。

1. 头型设计的基本要求

1）阻力系数

一些高速铁路发展比较早的国家，通过试验研究和理论计算，明确提出了各自的列车阻力系统指标值。如“德国联邦铁路城间特快列车——ICE 技术任务书”中规定：列车前端的驱动头车空气阻力系数 C =0.17；列车末端的驱动头车空气阻力系数 C =0.19。

2）头型系数（长细比）

头、尾车阻力系数与流线化头部的长细比直接有关，高速列车头部的长细比一般要求达到3，甚至更大。表 2－2 中列出了日本从 0 系、100 系和 300 系动车组头部长度的变迁与阻力系数的大小。其中，0 系的阻力系数为 0.28；100 系由于头部长度增加，使形状更尖，阻力系数降为 0.25；300 系除增加头部长度外，头车用全封闭低位裙板，车体高度又降低了 400 mm，因此其阻力系数降为 0.20。

表 2－2　日本动车组列车头部长度与阻力系数

型　式	头部长度/m	阻力系数
0 系	4.4	0.28
100 系	5.5	0.25
300 系	6.0	0.20

2. 动车组头部流线化设计

具有代表性的流线型头部外形方案见图 2－10。其中，图 2－10（a）为一拱方案；图 2－10（b）为二拱方案；图 2－10（c）为设导流板方案。

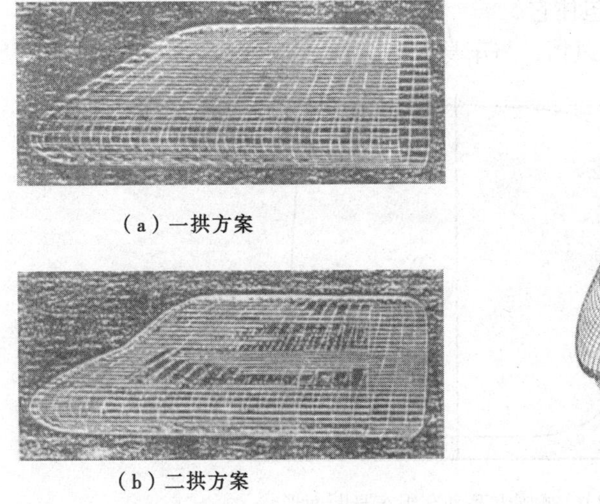

（a）一拱方案

（b）二拱方案

（c）设导流板方案

图 2－10　流线型头部外形

头部纵向对称面上的外形轮廓线，要满足司机室净空高、前窗几何尺寸、玻璃形状及瞭望等条件。在此基础上，尽可能降低该轮廓线的垂向高度，使头部趋于扁形，这样可以减小表面压力冲击波，并改善尾部涡流影响。同时，将端部鼻锥部分设计成椭圆形状，可以减少列车运行时的空气阻力。在设计俯视图最大轮廓线形时，首先要满足司机室的宽度要求，然后再将鼻锥部分设计为带锥度的椭圆形状。这样既有利于减小列车交会压力波、改善尾部涡流影响，又兼顾到有利于降低空气阻力。

此外，还应设计凹槽形的导流板，将气流引向车头两侧。

在主型线设计完成后，还要做到头部外形与车身外形严格相切；头部外形中，任意选取的两曲面之间也要严格相切，以保证头部外形的光滑性，这样既可以减少空气阻力，又可以降低列车交会压力波幅值。

2.1.3 动车组车身外型设计

一般来说，动车和拖车的车体长、宽、高需要根据内部布置的要求由设计任务书规定，所以车身的外形设计主要是横断面形状设计。

动车组车身横断面形状设计有以下特点。

① 整个车身断面呈鼓形，即车顶为圆弧形，侧墙下部向内倾斜（5°左右）并以圆弧过渡到底架，侧墙上部向内倾斜（3°左右）并以圆弧过渡到车顶。图 2－11 为德国 ICE 动车组车身断面形状。这不仅能减小空气阻力，而且有利于缓解列车交会压力波及横向阻力、侧滚力矩的作用。

② 车辆底部形状对空气阻力的影响很大，为了避免地板下部设备的外露，采用与车身横断面形状相吻合的裙板遮住车下设备，以减少空气阻力，也可防止高速运行带来的沙石击打车下设备。

③ 车体表面光滑平整，尽量减少突出物。如侧门采用塞拉门；扶手为内置式；脚蹬做成翻板式，使侧门关闭时可以包住它。

④ 两车辆连接处采用橡胶大风挡，与车身保持平齐，避免形成空气涡流。

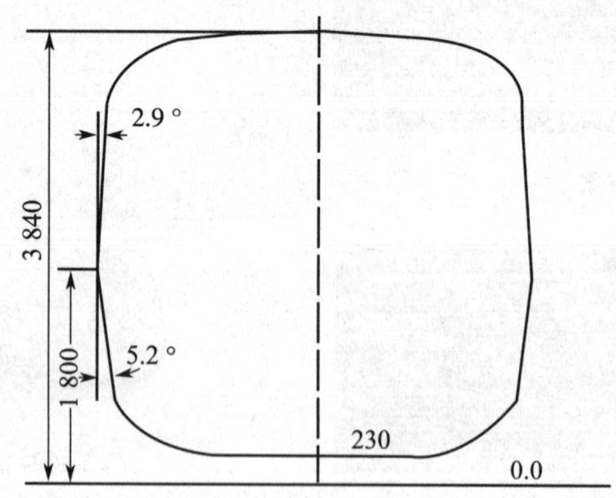

图 2－11 德国 ICE 动车组车身断面形状

2.2 车体的轻量化设计

车体轻量化设计可以最大限度地降低高速动车组的轴重，节省牵引功率，降低高速所引起的动力作用对线路结构、机车车辆结构产生的损伤，延长线路和机车车辆寿命，提高旅客乘坐舒适度。车体轻量化涉及新材料应用和车体结构及优化设计等。

2.2.1 车体轻量化设计的必要性

1. 轴重对轨道损伤的影响

轴重是指按车轴型式及在某个运行速度范围内该轴允许负担的并包括轮对自身在内的最大总重量，即车辆总重量除以全车轴数。

随着轴重的增加，钢轨承受轮载而产生的轮轨接触应力、轨头内部的剪切应力、局部应力和弯曲应力将相应增加，同时疲劳荷载作用下的应力水平也将随之提高，从而大大缩短了钢轨的使用寿命。

研究结果表明，钢轨头部损伤几乎全是疲劳损伤，钢轨折损率随轴重的增加而增加。其他轨道部件也同样会出现这种情况。法国依据钢轨疲劳损伤统计资料的分析得出，钢轨疲劳折损率与轴载荷的 2.25 次方成正比。美国研究表明，钢轨疲劳折损率与轴载荷的 3.8 次方成正比。接触理论表明，轮轨面上的接触应力和轨头内部的剪切应力都与轴载荷成正比，且与车轮直径及踏面外形有关。所以减小轴重可减少钢轨的损伤和提高其使用寿命。日本高速列车为动力分散式，早期的轴重和簧下质量较大，轮轨动力作用和因此产生的钢轨磨耗、破坏严重，所以日本在高速列车的发展中非常重视降低轴重。

2. 速度对轮轨间垂向动力作用的影响

列车运行中，如果存在车轮偏心和扁疤，或者遇到轨道不平顺时，将产生轮轨间的冲击载荷，这种载荷属于“动态作用力”。图 2－12 中为 B_0-B_0 式电力机车以 160 km/h 速

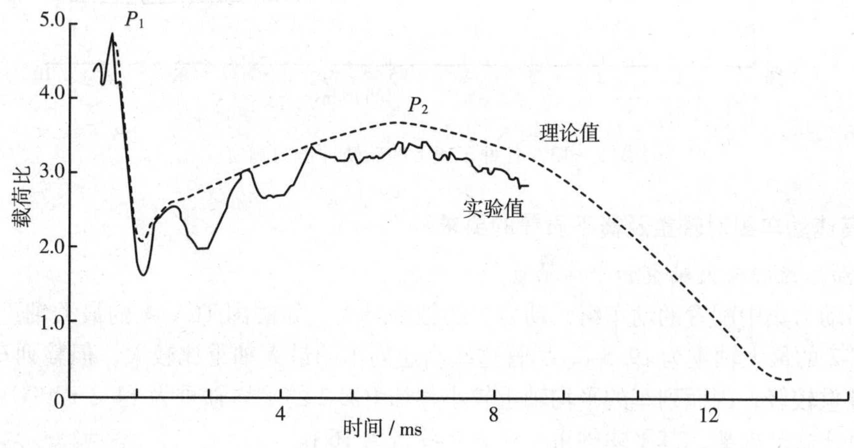

图 2－12 过轨接头时轮轨间总载荷的时间历程

度进行线路试验得出的过轨接头时轮轨间总载荷的时间历程。该电力机车的轴重为 20 t。图中，纵坐标为垂向总载荷与车轮静载荷之比，横坐标为时间（ms）；虚线为轮－轨系统冲击响应的理论计算值，实线为实测值。由图可见，在这个冲击过程中，轮轨间的载荷出现两个峰值 P_1 和 P_2。

P_1 力出现在轮轨冲击后的瞬时（约 0.3～0.4 ms），频率为 500～1 000 Hz，称之为高频力，其值为车轮静载的 5 倍左右。P_1 力的高频瞬时冲击作用很快被钢轨及轨道的惯性反作用力抵消，很快衰减，来不及向上和向下传播，其破坏作用对钢轨和车轮最严重。它直接影响钢轨轨头的接触应力，容易发生钢轨剥离等接触疲劳；对车轮产生剧烈的冲击作用，导致车轮扁疤等。

P_2 力出现在轮轨冲击 2 ms 以后，持续时间较长，频率为 20～100 Hz，称之为中频力，其值为车轮静载的 2.5～3.5 倍。P_2 力是中频动载荷，可直接向钢轨以下和车轮以上传递，造成轨枕破裂、道床粉化和板结，严重者引起路基下陷；造成列车垂向动力学性能恶化，特别是降低滚动轴承的疲劳寿命，在这种脉冲式激扰下，构架的动应力也将增大。

图 2－13 是在其他因素不变的前提下，行车速度不断提高时 P_1 力和 P_2 力的变化情况。可以看出，P_1 力和 P_2 力随行车速度的提高而增大，当速度由 80 km/h 提高到 250 km/h时，P_1 力增加 1 倍，P_2 力增加 0.8 倍。

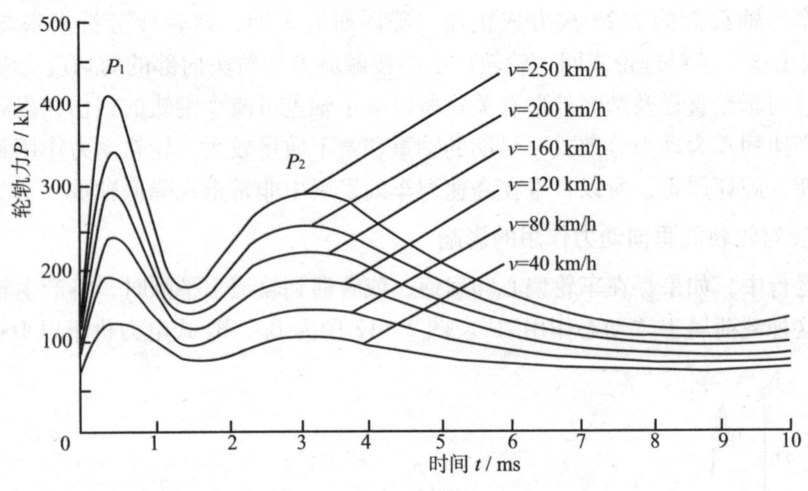

图 2－13　各种车速下的轮轨冲击力响应

3. 高速动车组对轴重及簧下质量的要求

1）动车组的最大轴重和平均轴重

牵引动力集中配置的动车组，动力车的轴重最大。如法国 TGV-A 的最大轴重为 17 t，德国 ICE-2 的最大轴重为 19.5 t。尽管这些高速列车的最大轴重比较大，但整列车中大量拖车的轴重较轻，因而列车的平均轴重较小，如 ICE-2 的平均轴重为 14.2 t，TGV 因拖车采用雅克比式转向架，其平均轴重相对大一些，为 16 t。

牵引动力分散配置的动车组，由于其大部或全部为动力车，因而最大轴重要低于牵引动力集中配置型，但平均轴重要高于它。如日本 0 系动车组的最大轴重为 16 t、平均轴重为15.1 t。

2）各国高速动车组的轴重和簧下质量

如前所述，轴重增加会导致轨道及其各部件的损坏；轮轨的垂向动力作用随着运行速度的提高而加大。因此，国际铁路联盟在“高速列车技术条件”中对轴重有明确规定：允许的静态轴重为17 t，新建线路和300 km/h速度运行时，每个轮子作用在正常维护线路钢轨上的静态力和动态力之和不得超过170 kN。在高速列车的发展中，各国都非常重视车辆的轻量化、降低轴重和减小簧下质量。

簧下质量是指转向架一系悬挂以下、钢轨以上全部零件质量的总和。簧下质量和钢轨之间是刚性接触，没有缓冲和减振。簧下质量增大，轮轨之间作用力也随之增大。表2-3列出了各国高速列车轴重比较。表2-4列出了若干典型高速机车和动车的簧下质量。

表2-3 典型高速列车轴重比较

车型		最高运营速度/（km/h）	最大轴重/t	平均轴重/t
日本	0系列	210	16.0	15.1
	100系列	220	15.0	14.5
	300系列	270	11.3	11.1
法国	TGV-PSE	270	17.0	16.0
	TGV-R	300	17.0	16.0
	TGV-2N	300	17.0	16.3
德国	ICE-1	250	19.5	15.1
	ICE-2	280	19.5	14.2
意大利	ETR-500	300	17.0	12.3

表2-4 典型高速列车簧下质量比较

国家	车型	最高速度/（km/h）	每轴簧下质量/kg
日本	300系	270	1 650
法国	TGV-A	300	2 128
意大利	ETR500	300	1 800

由上表可见，日本高速列车有较低的轴重和较小的簧下质量，减轻了车辆对线路的冲击，减少了钢轨的磨耗和损伤，降低了线路的基建投资和维护费用；同时减轻了轮轨之间产生的噪声，改善了环境；大大提高了列车的运行品质。

显然，降低轴重受机车车辆结构设计、制造水平的限制。但从降低对线路的损伤和动力作用出发，还是应该要求机车车辆适应线路条件，实现车辆的轻量化。车辆的轻量化包括车体结构轻量化、车内设备轻量化和转向架轻量化等。

2.2.2 车体结构的轻量化技术

我国普通速度的客车车体结构的自重在14 t左右，而国外高速客车车体结构重量为10 t左右。因此，减轻车体自重成为可能。总体上看，实现车体结构轻量化主要有两个途径：一是采用新材料，二是合理的结构优化设计。

1. 车体轻量化材料

目前，国外高速车辆的车体材料主要有：不锈钢、高强度耐候钢、铝合金。

1）耐候钢

在国家标准中，“高耐候性结构钢”是具有较高耐大气腐蚀性能的钢种。在铁道车辆行业通常又将其简称为“耐候钢”。研究表明，在耐候钢中，如果 Cu、P、Cr、Si 等元素含量适当，其耐大气腐蚀性能显著地提高。

国外耐候钢的研究从上世纪初就开始了。美国在大量试验研究的基础上，发展了 Corten A 耐候钢（10CuPCrNi），其耐大气腐蚀性是碳钢的 3～8 倍。国外采用含铜耐候钢制造车体已有四十多年历史，后又开发了含钛耐候钢，具有较好的耐大气腐蚀性能和较高的强度，可焊性也比含铜耐候钢好。与碳素钢车体相比，由于可不考虑或少考虑腐蚀预留量（板厚），从而达到减重的目的。

我国发展耐候钢是在 1965 年前后。通过各大钢铁企业的大规模研究，逐步形成了有我国自己矿藏与经济环境特点的耐候钢系列。特别是我国独有特殊矿藏稀土族元素对碳钢耐大气腐蚀性能的研究，很有成效。我国铁道车辆所用的国产铜磷系耐候钢的抗腐蚀性能，一般相当于普通碳素钢的 2 倍左右，铜磷铬镍系耐候钢的抗腐蚀性能，则相当于普通碳素钢的2～3 倍。我国铁道车辆用耐候钢牌号有 Q295GNH、Q295GNHL 和 Q345GNH 等。

2）不锈钢

不锈钢材料具有优异的耐腐蚀性，可实现车体轻量化。由于普通碳素钢耐腐蚀性能差，造成车体结构的严重腐蚀。给设计部门带来很大的困难，为了延长车辆的使用寿命，设计中不得不加大断面尺寸，致使车体的自身重量增加。不锈钢具有优异的耐腐蚀性能，在强度、刚度及使用性能允许的前提下，能够降低板厚，实现车体的轻量化。使用不锈钢制造的车体结构与普通钢制车体结构相比，可减轻重量 10%～20%。重量的减轻可降低能耗和提高运行速度，具有较高的经济效益。

采用不锈钢材料的车体可减少制造和维修工时，实现车体无涂装。由于耐腐蚀性能好，车体无需涂装，大大减少了制造工时。另一方面，当前车辆的维修工作主要是修复普通钢制车辆所产生的腐蚀，它占去了修理工时的大部分，严重影响了车辆的周转。不锈钢车体具有优异的耐腐蚀性能，不存在普通钢制车辆存在的腐蚀问题，日常的维修工作主要以清洗为主，减少了维修工作量，提高了车辆的运用率。

目前，车体用不锈钢材料主要有 SUS304、SUS301L。最初曾使用 SUS301，但因焊接受热时有碳化铬析出，易产生晶界腐蚀，而 SUS301L 与 SUS301 相比，含碳量由 0.15% 减少到 0.03%，能够抑制碳化铬的产生，进而起到防止晶界腐蚀的作用。

总之，选择耐腐蚀性好、屈服极限高、疲劳强度高和焊接加工性能好的低碳奥氏体不锈钢作为车体材料，比耐候钢车体结构可减轻 15%。

3）铝合金

用铝合金制造车体的尝试早在 20 世纪上半期就已经开始，最早用于地铁和市郊列车，后来应用于普通列车上。近年来，特别是进入 20 世纪 90 年代，与车体等长的多品种大型中空挤压型材的出现，使铝合金成为生产高速列车的主导材料。铝合金车体的优势可综合为以下几点。

① 制造工艺简单，节省加工费用。铝合金具有良好的塑性，挤压成型容易，可以根据车体结构优化设计的要求，挤压出各种复杂形状的铝型材，其宽度可达600～800 mm，长度可达30 m；并大幅度减少焊接工作量，简化车辆的制造工艺；总的制造工作量比钢质车体减少40%左右。

② 减重效果好。用大型挤压铝型材组装的车体，由于型材为薄壁、中空，又减少了很多横向构件，使铝合金车辆重量大幅度降低。钢制车体、不锈钢车体与铝合金车体的重量比达到了10∶7∶5。另外，大型挤压铝型材组焊的车体，其当量弯曲刚度较高，刚度可以达到设计要求。

③ 良好的运行品质。铝合金车辆自重小，可节省牵引功率，提高加速性能，降低制动功率，改善动力性能，且具有良好的密封和隔声性能，提高了舒适性。

④ 耐腐蚀，可降低维修费。铝合金具有良好的耐腐蚀性，从而延长了客车的使用寿命，减轻了检修工作量。

⑤ 铝合金车体还具有外表平滑美观的优点。

表2－5列出了日本高速动车组车体结构材质及其重量。

表2－5　日本高速动车组车体结构材质及其重量

动车组	车体结构材质	车体结构重量/t
0系	耐候钢（SPA）	10.5
100系	耐候钢（SPA）	10.3
200系	铝合金	7.5
300系	铝合金（大型挤压型材）	6.5

为了进一步减轻重量，改善隔声性能，提高设计、制造便利性，国外已开始试用纤维增强塑料夹层结构代替金属制造车体。纤维增强塑料具有质轻、比强度高、抗疲劳强度高、裂纹扩展速率低、较好的结构阻尼性、隔热和耐蚀性能等优点。其缺点是弹性模量低、抗弯扭刚度比金属差、价格贵。若用碳素纤维制造车体，又将比铝合金车体减重30%，这是下一代高速列车的理想材料。

2. 铝合金车体结构形式

铝合金车体有利于车体结构的轻量化。目前，世界各国的铝合金车体有以下三种结构。

1）采用骨架式铝合金车体结构

最早的铝合金车辆以A5083合金和A6061合金作为外板和小型骨架，形成外壳框架方式，与钢制车结构相似，小部件通过焊接组装在一起，但车体结构的总装一般采用铆接。图2－14是由1.2 mm厚的铝合金板与1.5～2 mm板厚的压型梁、柱组成的车体结构，全部采用铆接连接，大约有13万～15万个焊点。与飞机结构的连接方式相似。

2）大型中空挤压铝型材焊接结构

可以将铝合金挤压成宽600 mm左右、长为车体长度的大型中空型材。用这些挤压型材通过纵向长焊缝连接制成铝合金车体。这种大型中空型材车体具有截面刚度高的特性，可以去掉在骨架结构中必须使用的加强材，从而减少零件数量，降低成本。但过度追求高速动车组的轻量化将对乘坐舒适性和列车空气动力学性能有不利影响。近年来，由于更加重视乘坐舒适性，车体结构也不单纯追求轻量化，而是合理控制车体结构的重量。因此，高速动车组的车顶及侧墙部车体结构均开始使用中空挤压铝型材结构，适当增加车体重量以改善车辆的舒适性。CRH_2 车体即采用此种结构，如图 2－15 所示。

3）大型中空挤压铝型材与开口型材的混合结构

图 2－16 是德国 ICE 车体断面图。侧墙由上、下墙板和窗间板组成，其内侧焊接在侧

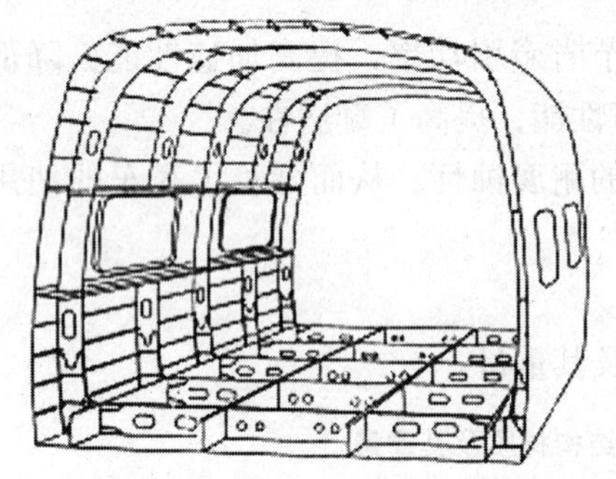

图 2－14　骨架式铝合金车体结构

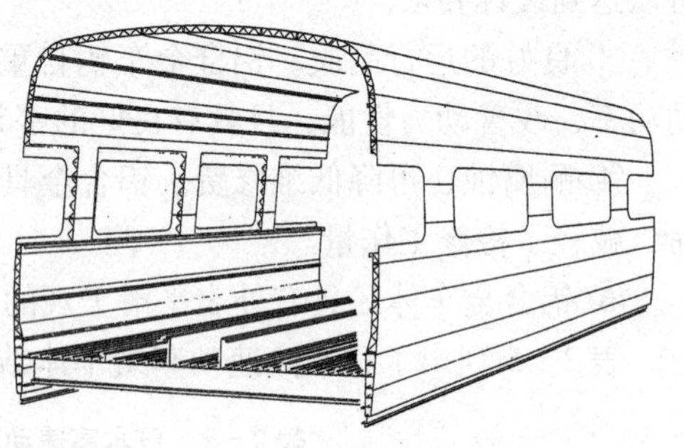

图 2－15　CRH_2 铝合金车体结构

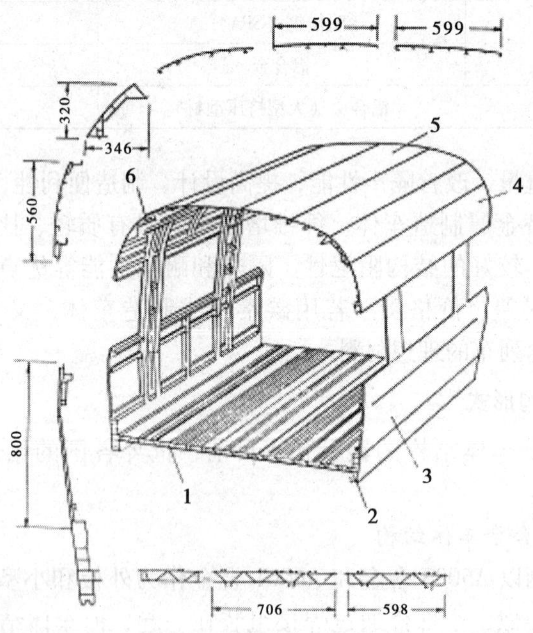

图 2－16　ICE 铝合金车体断面

1—底架；2—底架边梁；3—侧墙下墙板；4—侧墙上墙板；

5—车顶中顶板；6—车顶侧顶板

立柱上；底架、侧梁和侧顶板均为大型中空挤压铝型材；中顶板为开口挤压铝型材。在地板铝型材的上面有安装地板螺钉用的槽，下面有吊装车下设备用的槽，两侧带有型材的拼接口，与两侧梁型材的拼接口搭在一起。所有型材之间由通长的纵向对接（或搭接）焊缝连接。

开口型材结构的焊缝形状如图 2 - 17 所示。这种形状自型材内部进行 MIG 焊接，使内部焊道在外板侧的铜板上，焊接后对内部焊道进行精加工。

中空型材结构的焊缝形状如图 2 - 18 所示。与开口型材结构的情况不同，由于中空型材是套入式结构，由垫板焊接。因此，不会出现使用铜板的内焊道。

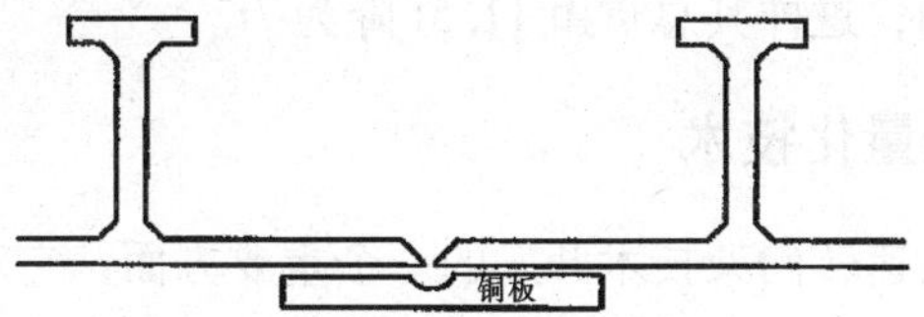

图 2 - 17　开口型材结构的焊缝形状

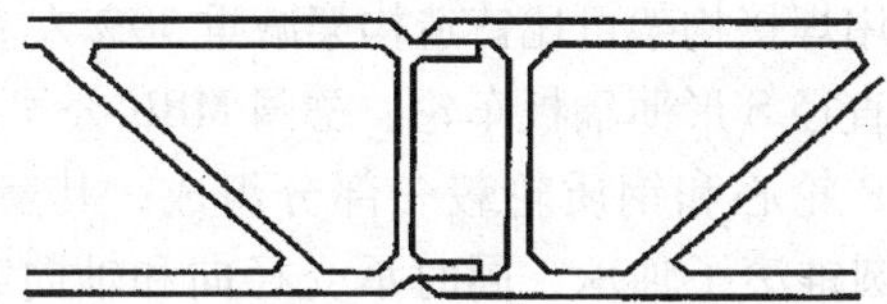

图 2 - 18　中空型材的焊缝形状

3. 车体结构优化设计

在保证车体强度和刚度的基础上，应充分利用等强度理论和结构的有限元分析程序，对车体结构进行优化设计，减轻车辆自重。国内外经验证明，通过优化计算，车体结构重量可显著降低。如日本 100 系动车组，采用耐候钢（SPA），车体钢结构自重仅为 10. 3 t，而我国的 168 客车，也采用耐候钢制造，车体钢结构自重为 13. 1 ~ 13. 2 t，这说明，在我国车体设计中，需要进一步进行结构优化设计，以减轻自重。

车体结构是动车组的主要承载体，车体结构设计应遵循有关标准进行，通过理论分析和试验，对车体结构进行结构设计和改进，最终得到满足使用要求的车体结构。车体结构强度设计应满足“200 km/h 及以上速度级铁道车辆强度设计及试验鉴定暂行规定”中的各项规定。车体结构强度分析采用大型结构有限元软件进行，如 ANSYS 软件。在满足结构强度和刚度要求的前提下，对车体结构进行优化，实现车体轻量化目标。

2. 2. 3　车内设备的轻量化技术

车内设备材料，首先应满足功能要求和防火阻燃要求，装饰板应具有时代感，车内设备约占客车总重量的 20% ，轻量化具有重要意义。

① 车内设备如门、窗、行李架、座椅、供水设备、卫生设备等，均可选用轻合金或高分子工程材料和复合材料，使设备重量大大减轻。仅座椅一项，日本采用铝—钢合金制

或全铝制双人座椅，其重量由原钢制的56 kg分别降为32 kg和24 kg，按一辆车定员100人计，最多可以减轻重量3.2 t。聚碳酸脂（PC）板材作为透明车窗材料，重量约为同厚度玻璃的1/15，而且透光、耐压、耐冲击性能均较普通玻璃好，能方便地制作车辆上通长的车窗。

② 车内装饰板材广泛采用薄膜铝合金墙板、工程塑料顶板等。

③ 其他设备的轻量化。如日本100系采用直流牵引电机，每台重量为825 kg（功率为230 kW），而300系采用交流感应电机后，每台重量仅为390 kg（功率增至300 kW）。德国ICE－3的主变压器铁芯采用优质铁—铝合金，使导磁率提高4～5倍，又将铜编线改为铝编线，冷却使用硅油，这样其总重由11.5t降为7t。

2.2.4　转向架结构轻量化技术

降低转向架自重是高速转向架技术开发的一个重要方面，它对改善车辆振动性能和减小轮轨之间的动力作用均具有显著效果。国外高速转向架轻量化的主要措施之一是采用无摇枕结构。此外，还有很多轻量化措施。

① 采用焊接构架。采用焊接构架可比铸造构架减重50%左右。

② 采用空心车轴和小直径S形薄辐板车轮。德国MBB公司研制了玻璃钢（FRP）轮心，车轮由钢质车箍、FRP轮心和钢质轮毂三部分组成，其簧下质量至少降低了20%（100 kg左右）；采用双排圆锥滚子轴承，同时承受径向和轴向载荷，其重量只有40 kg，约为日本新干线原用轴承重量的一半。

③ 采用铝合金轴箱和齿轮箱。铝合金轴箱的重量只有钢制轴箱重量的40%左右，铝合金齿轮箱的重量是钢制齿轮箱重量的56%左右。

通过对车体结构、转向架结构、车内设备及其他设备从选材和结构优化设计上采取措施，可使车辆自重（轴重）明显降低，表2－6中列出了日本新干线100系和300系动车组车辆重量的比较。

表2－6　日本100系和300系车辆重量比较　　单位：t

车型 / 比较项目	100系	300系
车体结构	10.3	6.5
转向架	19.3	13.4
电气装置	13.5	10.0
车内设备	10.6	9.8
1辆车重量（平均）	53.4	39.7

2.3　车体的密封隔声技术

2.3.1　车体密封和隔声性能的要求

1. 车体密封性能的要求

车体具有良好的密封性能也是高速列车必须要解决好的一项关键技术。

1）压力波对旅客舒适性的影响

国外高速列车的运用实践表明，没有交会列车时，头、尾车外面的气流压力变化为：头部受 2.5 kPa 左右的正压、尾部为 2.0 kPa 左右的负压；有交会列车时，特别是在隧道内会车时，车外气流压力会大幅度变化。对进入隧道列车的测定结果为：速度 200 km/h 时，头部正压为 3.2 kPa，尾部负压为 4.9 kPa；速度为 280 km/h 时，头部正压为 3.9 kPa，尾部负压为 5.5 kPa。

车外压力的波动会反映到车厢内，使旅客感到不舒服，轻者压迫耳膜，重者头晕恶心，甚至造成耳膜破裂。许多国家先后在压力波对旅客舒适性的影响方面进行了研究。

英国经研究于 1973 年提出暂定指标，见表 2－7。

表 2－7　压力波对旅客舒适性的影响

压力变化/kPa	生理学现象
2	可忍受
3	开始不舒适的平均值
4	非常不舒服
5	不舒服的上限，开始有耳痛感
8	耳很痛
>9	耳强烈疼痛
>13	耳膜可能有破裂
>23	几乎可以肯定耳膜有破裂

日本铁路近年来采用如图 2－19 所示的舒适度耳感极限图来规定舒适程度。其中横坐标为压力变化幅值，纵坐标为压力变化率，斜线以下部分为舒适区，斜线以上部分为非舒适区。

德国的试验研究表明，压力波对旅客舒适度的影响取决于以下因素：空气压力波变化的幅度（Pa），压力上升或下降的梯度（Pa/s），以及发生该波动的频繁性。图 2－20 中的曲线为大多数乘客“正好还没有不舒适感觉”的压力变化与所需时间的关系。

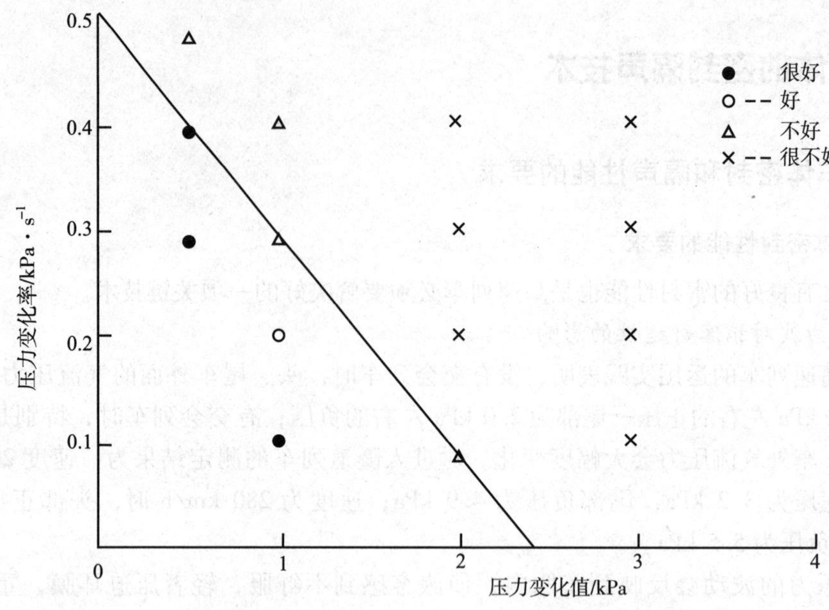

图 2-19　舒适度耳感极限图

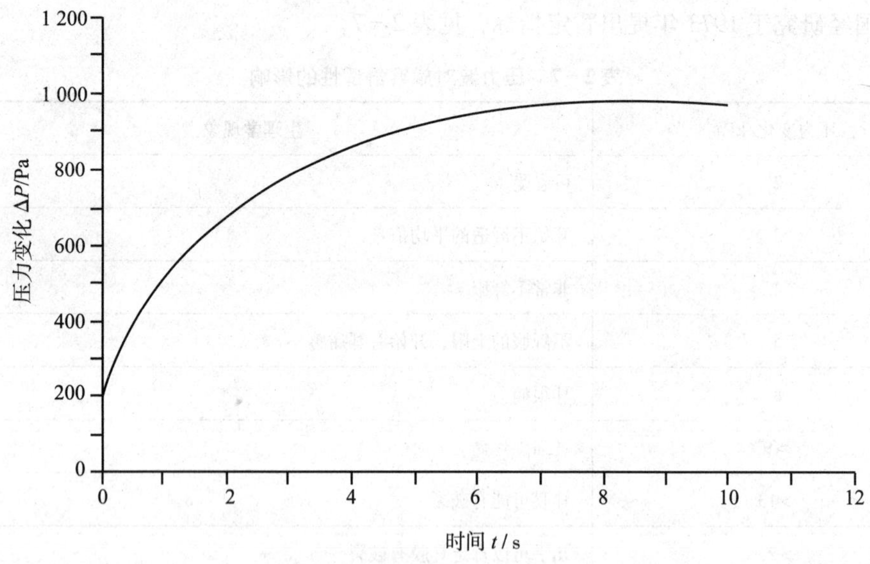

图 2-20　耳感不舒适度评定

2）对车体密封性的要求

为了减少压力波的影响，保证旅客的舒适度，需要采取措施提高车辆的密封性能。各国对高速列车都提出了各自的要求。

日本高速列车密封试验，要求将车体所有开启部位堵塞，车内压力由 4 000 Pa 降至 1 000 Pa 的时间必须大于 50 s。

欧洲高速列车要求压力从 4 000 Pa 降至 1 000 Pa 的时间大于 50 s（车辆通过台和空调设

备关闭)。现在，德国、意大利等国家要求压力从3 600 Pa降至1 350 Pa的时间大于18 s。

我国在《200 km/h及以上速度级列车密封设计及试验鉴定暂行规定》中要求：整车落成后的密封性能试验，要求达到车内压力从3 600 Pa降至1 350 Pa的时间大于18 s；车体钢结构要求压力从3 600 Pa降至1 350 Pa的时间大于36 s；组成后的车窗、车门、风挡应能在±6 000 Pa的气动载荷作用下保持良好的密封性。

2. 车体隔声性能的要求

1）高速列车的噪声源

随着列车运行速度的提高，噪声也将增大。一般情况下，速度每提高10 km/h，噪声相应增加1~2 dB（A）。

高速列车的声源主要是：轮轨噪声（碰撞、摩擦声）；空气沿车体表面流动产生的摩擦声和受电弓与接触网导线的摩擦声；风挡等构件的撞击声。此外，列车进出隧道产生的压缩波和反射波所产生的噪声等。

高速列车的噪声传到车内，影响旅客的舒适度，同时造成铁路沿线的环境污染（扰民）。因此，削弱噪声源、提高车体的隔声性能也是发展高速铁路中必须要解决的关键技术。

2）国外高速列车运行噪声的控制

德国在联邦铁路城间特快列车ICE技术任务书中，对高速列车运行噪声作了技术规定：距铁路中心线25 m处，当列车运行速度为250 km/h时，列车通过的最大声级不得高于88 dB（A）；列车运行速度为280 km/h时，通过的最大声级不得高于89 dB（A）。日本多年来投入了大量人力物力财力降低新干线铁路噪声，效果显著。目前日本新干线距铁路中心25 m处列车通过最大声级为：高架桥、高路堤区段65~75 dB（A），路堑区段60~75 dB（A）；而且达到了新干线环境噪声标准限值，即：居民宅室外的最大噪声级≤70 dB（A），工业，商业区或有少量居民居住混合区的室外最大噪声级≤75dB（A）。

国外高速铁路噪声水平见表2-8。

表2-8 高速铁路噪声水平（最大声级）

国 家	车速/（km/h）	不同年代声级水平/dB（A）		测点位置
		20世纪80年代	20世纪90年代	
日 本	200	87	67	距离铁路中心线25m，距地面高度1.2m
	250	90*	73	
	300	92*	77	
法 国	200	90*	87	
	270	97	92	
	300	97	94	
德 国	200	86	84	
	250	90	87	
	300	93	90	

注：*标准的声级水平为计算值，其余为实测值。

3）车内噪声的标准极限值

车内噪声一般由以下几部分组成：

① 车体外部传入车内的噪声，一般称之为空气声；

② 由于各种原因导致的车体内表面结构振动，特别是薄壁结构振动产生的辐射声，一般称之为结构振动噪声；

③ 各种车内设备、系统（如空调通风系统、各类管道等）作为振源、声源所产生的噪声；

④ 上述各类噪声在车厢内部传播与反射所形成的混响声等。

车内噪声的标准限值，德国铁路规定，速度为 250 km/h 时，一等车噪声不超过 65 dB（A），二等车不超过 68 dB（A）。国际铁路联盟（UIC）规定：客车车内噪声应小于 65 dB（A）。在隧道里，噪声可宽限 5 dB（A）。在过道、厕所，其噪声水平不能超过75 dB（A）。

2.3.2 车体的密封技术措施

列车的密封需要从车体结构和部件上给以考虑。当前世界各国在高速列车上采用的密封技术主要包括以下几种。

① 车体结构采用连续焊缝以消除焊接气隙；对不能施焊的部位，必须用密封胶密封。

② 采用固定式车窗，车窗的组装工艺要保证密封的可靠性和耐久性，同时保证在压力波造成的气动载荷下（我国“高速列车密封技术暂行规定”中规定组成后的车窗应能承受 ±6 000 Pa 的气动载荷），不会造成变形和破坏。

③ 侧门采用密封性能良好的塞拉门；头、尾的端门要采用可充压缩空气的橡胶条；通过台风挡采用橡胶大风挡，并注意处理好渡板处的密封问题。

④ 空调环控设备设立压力控制：如在客室进排气风口安装压力保护阀，在排气风道中装设带节气阀的排风机，安装压力保护通风机等，主要目的是既保证正常的通风换气，又保证车内压力变化控制在限值之内。

⑤ 厕所、洗脸室的水不能采用直排式，而要通过密封装置排到车外；对直通车下的管路和电缆孔，应采取必要的密封措施。

⑥ 车辆出厂前都要通过整车气密性、水密性试验。

2.3.3 车内噪声控制技术措施

为了降低车内噪声，一方面要削弱噪声源发出噪声的强度，另一方面要提高车体的隔声性能。

1. 削弱噪声源发出噪声强度的措施

① 在车轮上安装消音器和开发弹性车轮，可有效地降低轮轨噪声；

② 车体外形设计成流线形，车体表面平整、光滑，都有利于减小空气与车体的摩擦声；

③ 采用橡胶风挡，可减小撞击声；

④ 在空调系统上安装消音器，降低牵引电机风扇的噪声、驱动装置等设备的振动噪声。

2. 提高车体隔声性能的措施

① 采用双层墙结构，可增加隔声量 4 ~ 5 dB(A)。所谓双层墙，就是指地板、侧墙、车顶等采用多层结构，在层间采用橡胶垫隔开，一方面起隔振作用，同时使声波不能通过金属螺钉（声桥）传递，有效地提高了车体的隔声性能；

② 在车体金属（如地板）表面涂刷防振阻尼层，使钢结构的声频振动转化为热能消散，减少了声波的辐射和声波振动的传递，从而减少车内噪声；

③ 采用双层车窗，减少从侧面传入车内的噪声；

④ 车内选用吸声效果好的高分子聚合材料；

⑤ 提高车体气密性的措施，同样可以起隔声作用。

法国 TGV - A 高速列车，通过各种隔声措施，速度达 300 km/h 时，客室内噪声值仅为 66 dB（A）。

第3章　动车组转向架技术

3.1　动车组转向架技术特点

3.1.1　动车组转向架的发展

支承车体并使之在轨道上运行的装置称为转向架，亦称走行部，它是动车组的关键部件。可以说，提高旅客列车速度的过程也是高速转向架技术发展的过程。

20 世纪 50 到 80 年代，一些国家开始将列车速度提高到 140 ~ 160 ~ 200 km/h。由此出现了许多适应高速运行的转向架新结构。例如，日本 1964 年 10 月 1 日东海道新干线开通时，其所用的 DT200 型转向架的最高运营速度为 210 km/h；法国于 1973 年正式生产 Y32 型转向架，其最高运营速度为 200 km/h；德国于 1974 年开始生产 MD52 型转向架，其最高运营速度也是 200 km/h。这些型号的转向架在运行中所显示的优缺点，为研制速度更高、性能更优秀的转向架奠定了实践基础。通过这些国家长期不懈的努力，目前已出现了一批比较成熟、优秀的高速转向架。

高速列车的牵引可以采用动力集中牵引方式，也可以采用动力分散牵引方式。后者将牵引动力分散到各个动力车上，克服了牵引动力在列车两端使牵引功率受限制的缺点。动力分散牵引方式可以提高列车牵引的总功率，实现高速运行。因此，目前世界上大部分高速列车采用动力分散牵引方式。

充分利用黏着是采用动力分散牵引方式的一个重要的指导思想。20 世纪 50 到 60 年代，在日本发展高速铁路的初期，人们对列车在高速运行条件下轮轨间的黏着系数的变化尚无经验，当时的认识是：黏着系数将随运行速度的提高而下降。因此在研制高速列车的牵引动力装置时，对黏着系数的取值偏低，只好增加动力轴的数量，以保证高速运行时有足够的牵引力。欧洲各国发展高速列车时，人们对高速运行条件下黏着的认识已有提高；随着电力技术的发展，新型防滑装置的研制成功，使动力车的设计可以取较大的黏着系数，用较少的动力轴即可满足牵引力的要求。法国 TGV、德国 ICE 和意大利 ETR500 等高速列车的运用经验都表明，采用动力集中牵引方式的列车，其黏着利用也完全可以满足高速列车运行的要求。

3.1.2　动车组转向架的结构特点

动车组转向架分为动力转向架和非动力转向架（也称拖车转向架）两类，动力转向架又有单动力轴转向架和双动力轴转向架之分。动力转向架和非动力转向架的主要组成部分采用基本一致的结构型式，它们的共同特点如下。

① 动力转向架和非动力转向架通常均无摇枕。从摇枕的作用看，它除了起支承车体的作用之外，还承担着传递车体与转向架之间的水平力的作用。其中，牵引力和制动力是摇枕传递的主要纵向力。取消摇枕后的牵引力和制动力的传递可通过牵引装置实现。

② 轮对采用空心车轴、整体轧制车轮、磨耗型车轮踏面。

③ 一系悬挂采用钢弹簧 + 液压式减振器 + 轴箱定位装置。

④ 二系悬挂主要采用空气弹簧。

⑤ 牵引装置主要采用拉杆方式。

动力转向架还要有以下装置。

① 牵引电机。安装方式采用架悬或体悬或半架半体悬。其中，体悬式可降低簧下质量。

② 驱动装置（齿轮减速装置和联轴节），齿轮减速装置通过轴承安装在车轴上，牵引电机与齿轮减速装置通过联轴节传递驱动力。

此外，动力车和拖车均采用复合制动方式。其中，动力车采用电阻制动（或再生制动）+盘形制动，而拖车采用涡流盘制动（或磁轨制动）+盘形制动。由于动力转向架有牵引电机和驱动装置，空间位置比较紧张，因此需采用轮盘式（每轴2个），而非动力转向架采用轴盘式（每轴2~3个）。

3.1.3 动车组转向架的技术特点

在20世纪80到90年代，各国开发研制的高速转向架的形式多种多样。如：车体悬挂方式，有带摇动台和无摇动台的，有无摇枕和有摇枕的；车体的支承方式，有心盘支重和旁承支重的；中央弹簧，有采用螺旋弹簧和空气弹簧的；轴箱定位方式更是多种多样。

随着列车速度的进一步提高，高速转向架的结构形式逐步趋于类同，它们的主要特点是：无摇枕，空气弹簧悬挂，有回转阻尼，加装弹性定位等。下面简要介绍高速转向架的相关技术特点。

1. 构架

构架是转向架的重要承载部件，是安装各种零部件的载体，承受和传递垂向力、水平力和扭矩等。为了满足承载要求，构架强度设计要根据相关标准进行。设计通用条件分为载荷条件、强度设计条件、结构设计条件及刚性设计条件。其中载荷条件分为静载荷和动载荷；强度设计条件分为应力计算及容许应力。标准中，对转向架构架不同部位的动载荷均有详细的规定。

可采用有限元（FEA）分析软件对构架建立计算模型。首先，进行构架模型的网格划分，模型的网格划分一般采用壳单元，部分采用实体单元；然后，确定构架所承受的载荷，包括静载荷和动载荷；分别计算出包括在牵引和制动工况下构架中各单元的应力，根据材料的许用应力校核构架强度，利用材料的疲劳极限图进行疲劳强度评价等。

由于构架承受动应力的作用，所以在构架焊接生产中，应对组成构架的板材做表面处理，消除表面缺陷，将有利于提高构架的疲劳强度。

2. 轮对

轮对直接向钢轨传递列车的静、动作用力，通过轮对的回转实现列车在钢轨上的运行。有些转向架的制动力也通过轮对实现。小直径车轮、空心车轴、磨耗型踏面是目前高速列车转向架常采用的结构形式。

车轴是转向架轮对中重要的部件之一，直接影响车辆运行的安全性，又是转向架簧下质量的主要组成部分，特别是对于高速列车，降低车辆簧下部分重量对改善车辆运行平稳性和减小轮轨间动力作用有重要影响。虽然簧下结构的轻量化内容很多，如车轮、轴箱、轴承、传动装置等的轻量化，但相对来说车轴的轻量化潜力虽大，空心车轴比实心车轴可减轻 20% ~40% 的重量，一般可减轻 60 ~100 kg，甚至更多。

空心车轴的结构形式，如图 3－1 所示。由于车轴主要承受横向弯矩作用，截面中心部分应力很小，制成空心后，对车轴强度影响很小。这是因为车辆最大弯曲应力与其抗弯断面模数成反比。而直径为 D 的实心车辆的断面模数与外径为 D、内径为 d 的空心车轴的断面模数之比为 $[1-(d/D)^4]^{-1}$，若 $d/D=0.5$ 时，两者之比为 100: 93.75，说明空心轴对强度影响虽小，但减重效果明显。

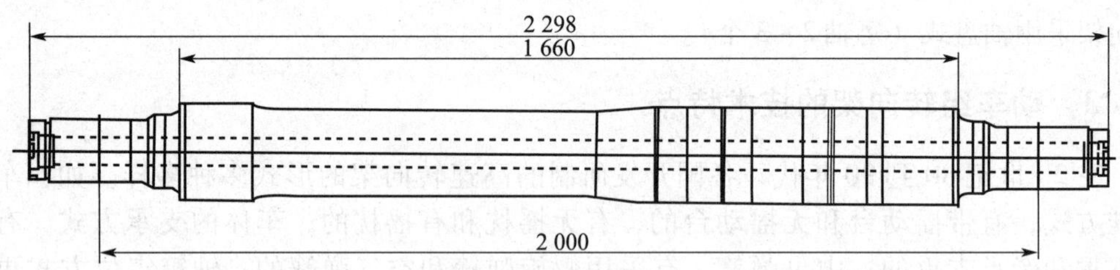

图 3－1　CRH2 型动力空心车轴（单位：mm）

磨耗型踏面是在研究和改进锥形踏面的基础上发展起来的。各国车辆运行情况证明，锥形踏面车轮的初始形状，运行中将很快磨耗，但当磨耗成一定形状后（与钢轨断面相匹配），车轮与钢轨的磨耗都变得缓慢，其磨耗后的形状将相对稳定。实践证明，把车轮踏面一开始就做成类似磨耗后的稳定形状，即磨耗型踏面，可明显减少轮与轨的磨耗，减少车轮磨耗过限后修复成原形时旋切掉的材料，延长了使用寿命，减少了换轮、旋轮的检修工作量。磨耗型踏面可减小轮轨接触应力，既能保证车辆直线运行的横向稳定，又有利于曲线通过。

3. 弹簧悬挂装置

弹簧悬挂装置是保证一定的轴重分配、缓和轮轨之间的冲击，以及保证车辆良好性能的重要装置。弹簧悬挂装置一般由弹簧、减振器及其联接部件组成。设在轮对和构架之间的轴箱弹簧装置（或称一系悬挂装置）均为钢圆簧加液压减振器；设在构架与车体之间的中央弹簧悬挂装置（或称二系悬挂装置）通常采用空气弹簧装置（或采用高柔簧加液压减振器）。

空气弹簧装置主要由空气弹簧本体、附加空气室、高度控制阀、差压阀、节流孔及滤尘器等组成。空气弹簧所需要的空气压力为0.6 MPa，由列车制动主管经高度控制阀进入附加空气室和空气弹簧本体。高度控制阀的工作原理是：当车体静载荷增加，空簧被压缩使车体距轨面的高度降低，高度控制机构使进、排气机构工作，向空气弹簧充气，使空气弹簧伸长，当车体恢复到原来的高度时，高度控制机构停止工作。

差压阀如图3-2所示，其作用是保证一个转向架两侧空气弹簧的内压保持在规定值，通常取0.08~0.12 MPa。如果两侧压差超过规定值，将造成转向架两侧的垂向载荷不均匀。当车辆斜对角两处的空气弹簧内压增大，而另一对角两处的空气弹簧内压减小时，将出现斜对角之间内压不均衡状况，称为对角压差。对角压差将使减载侧抵抗脱轨的能力明显下降。

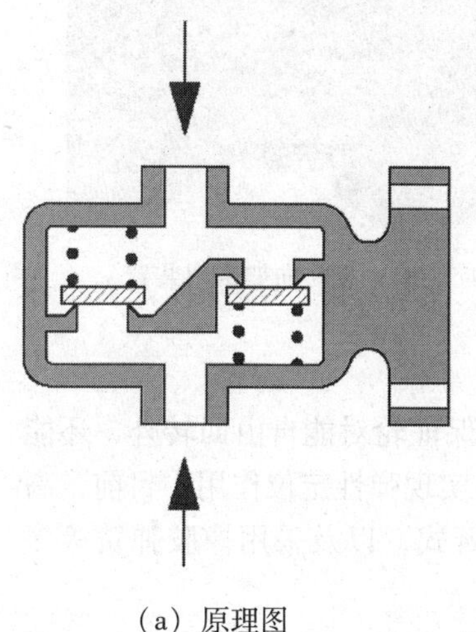

(a) 原理图

(b) 外形图

图3-2 差压阀

差压阀差压值的选择应注意以下几点：

① 在转向架左右两侧空气弹簧为均载条件下，车辆正常运行时，该差压值应不影响由于车辆振动所引起的空气弹簧内压变化的值；

② 差压阀的差压值应高于车辆在曲线（包括过渡曲线）上运行时，仅由于车体两侧增减载的载荷变化而使左右两个空气弹簧内压变化的压差值（包括高度控制阀的充、排气作用）；

③ 在上述两个要求的允许条件下，尽量取较小的压差值，使各空气弹簧承载不会发生过分的不均衡，以提高车辆的运行平稳性和抗脱轨性能；

④ 当转向架一侧空气弹簧发生破裂事故时，另一侧空气弹簧内压不能过高，并仍使车辆能以较低速度安全运行，以便于事故的处理。

在空气弹簧本体和附加空气室之间装设有适宜的节流孔，当空气弹簧垂向变位时，上述两者之间将产生压力差。空气压力高的一侧将通过节流孔向空气压力低的一侧流动，空气流过节流孔时，由于阻力而耗散部分的振动能量，使之具有减振作用。一般采用空气弹簧悬挂装置的车辆，都采用这种减振方式。空气弹簧采用的节流孔可分为固定节流孔和可变节流孔两种。

4. 牵引装置

牵引装置是车体与转向架的连接装置，用以传递车体与转向架之间的水平力等，同时保证车体与转向架之间的回转运动不受其影响。常用的牵引装置有牵引杆和牵引销。图3-3和图3-4分别为CRH$_2$型和CRH$_5$型转向架牵引装置。

图3-3　CRH$_2$型转向架牵引装置

图3-4　CRH$_5$型转向架牵引装置

5. 轴箱定位装置

轴箱定位装置是联系构架和轮对的活动“关节”，除了保证轮对能自由回转外，还能在构架与轴箱之间产生相对运动时传递纵向力和横向力，并实现弹性定位作用。目前，高速转向架的轴箱定位装置有单（双）拉板式、拉杆式、转臂式，以及采用橡胶弹簧等多种结构形式。

图3-5是日本IS式（单拉板式）轴箱定位装置，定位拉板的一端与轴箱体连接，另一端通过橡胶节点与构架相连。利用定位拉板在纵、横方向上的不同刚度来约束构架与轴箱的相对运动，以实现弹性定位。

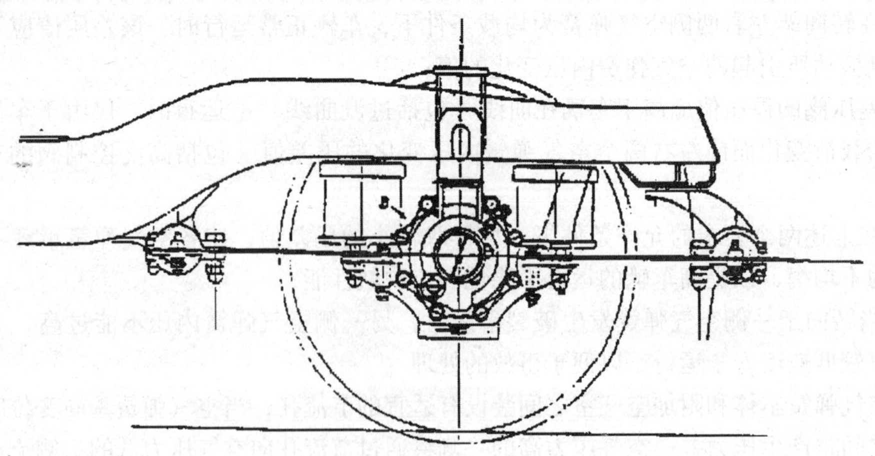

图3-5　日本单拉板式轴箱定位装置

图3－6（a）为法国TGV Y231型转向架的轴箱定位装置，两组橡胶夹层弹簧保证轴箱的纵向和横向定位。

图3－6（b）为法国TGV Y237型转向架的轴箱定位装置，它取消了橡胶夹层弹簧，采用转臂式轴箱弹性定位结构，其纵向和横向定位刚度由转臂关节中的橡胶元件来实现。

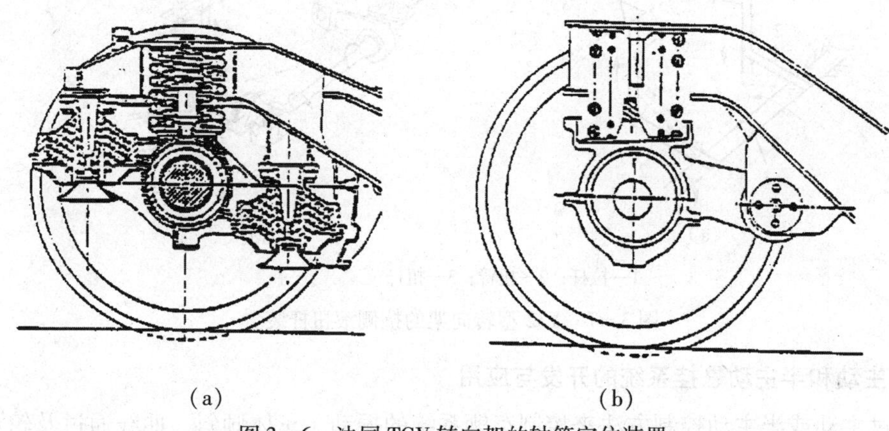

(a)　(b)

图3－6　法国TGV转向架的轴箱定位装置

6. 回转阻尼装置

回转阻尼也是抑制高速转向架蛇行运动的一个有效措施，一般采用以下两种装置：旁承支重结构和抗蛇行减振器。

旁承支重结构由摇枕上的旁承装置承受全部载荷，当转向架相对车体转动时，上下旁承之间由摩擦力形成的摩擦力矩阻止转向架相对车体转动，以提供足够的回转阻尼。旁承支重结构具有结构简单、可减轻车体摇枕梁和摇枕重量等优点，但需选择适当的摩擦副材质。

车体与构架之间（或摇枕与构架之间）安装抗蛇行减振器，也可提供足够的回转阻尼，有效地抑制转向架的蛇行运动。例如，MD52型转向架在采用磨耗形踏面的情况下，速度只能达到160 km/h，而装用抗蛇行减振器后，速度可提高到250 km/h。

7. 抗侧滚装置

为了使高速客车具有良好的垂直振动性能，车体悬挂装置的总静挠度至少需要200 mm以上，其中80%左右分配在中央弹簧上。而在垂向悬挂比较柔软的情况下，为防止通过曲线时车体的侧滚角过大，一般在高速转向架上设置抗侧滚扭杆。

图3－7为Y32型转向架的抗侧滚扭杆装置，其中图3－7（a）为工作原理图，图3－7（b）为Y32上采用的抗侧滚扭杆装置。当车体逆时针侧滚时（图中箭头方向），与摇枕连接的左、右拉杆分别向下、向上运动，通过扭臂使扭杆变形，产生扭拒，以抵抗车体的侧滚。这就增大了车体的角刚度，减少了侧滚角位移，防止车体倾斜。但它不影响车体在上、下方向的运动。

此外，加大中央弹簧的横向间距也可以起到同样的作用。如MD52－350型转向架将中央弹簧的横向间距加大到2 500～2 600 mm，取消了抗侧滚扭杆装置。

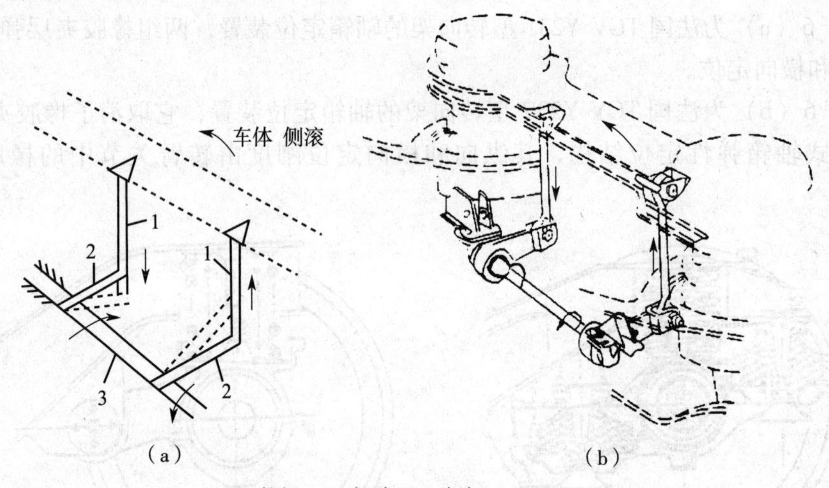

1—拉杆；2—扭臂；3—扭杆

图 3－7　Y32 型转向架的抗侧滚扭杆装置

8. 主动和半主动悬挂系统的开发与应用

通过主动或半主动控制方法来控制车辆系统的振动、车体倾斜、曲线通过及轮对定位等，就可用更经济的手段实现更高的速度，或达到更好的运行性能，这是新一代转向架发展的主要特点之一。如 SGP400 型转向架在回转阻尼系统、中央悬挂的横向弹性系统及轮对导向系统等三方面，应用主动或半主动控制系统。

图 3－8 中给出了日本 700 系动车组转向架示意图，该转向架采用半主动控制减振器来控制车体横向振动。

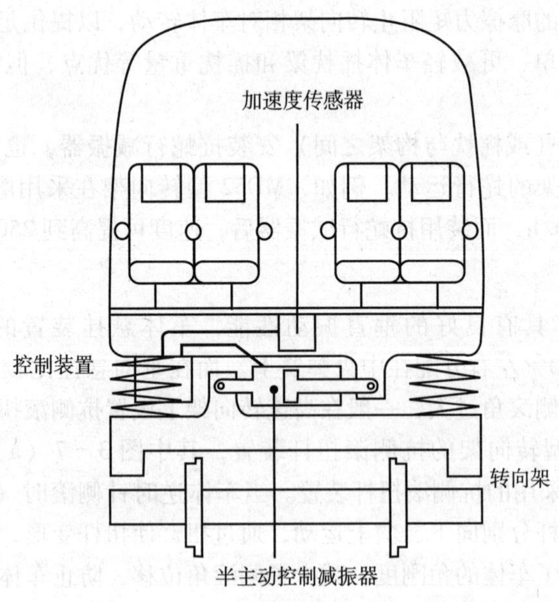

图 3－8　日本 700 系动车组转向架示意图

3.2 高速转向架应具备的性能

在设计制造高速转向架时，必须解决其高速运行时的稳定性、平稳性和良好的曲线通过性能等关键技术问题，以保证高速列车安全行驶、乘坐舒适、减少维修。

3.2.1 高速运行的稳定性

铁道车辆运行的特点是，带有锥形踏面的轮对在顶面为圆弧的两根钢轨上滚动。车辆运行中，只要轮对中心偏离轨道中心，轮对的左右两个车轮就会以不同的滚动直径与轨面接触，于是轮对在前进的同时还做周期性左右摆动。为了说明高速转向架运行的稳定性，先来分析锥形踏面自由轮对的蛇行运动。在分析中为了使问题简化，作如下假定：

① 轮对与转向架之间无任何刚性和弹性约束，轮对单独在轨道上滚动；

② 钢轨顶部呈刀刃状，而且是两根平行直线；

③ 轮对是两个对称圆锥体，轮轨之间无相对滑动；

④ 不计轮对上任何作用力和惯性力。

根据以上假定，可以导出自由轮对在钢轨上运动时的运动学关系。

轮对的运动轨迹如图 3－9 所示，假设轮对初始状态为轮对中心与轨道中心线重合，轮对中心线与轨道中心线不垂直，左右车轮的滚动半径相等。当轮对向前运动时，轮对中心逐渐偏离轨道中心线，轮对中心线与轨道中心线垂直时，轮对中心向轨道一侧偏移，左右车轮的滚动半径差增大，轮对继续向前运动，轮对中心与轨道中心线的偏移量 y 逐渐减小。当偏移量 y 等于零时，轮对中心与轨道中心线重合，左右车轮的滚动半径相等，但轮对中心线与轨道中心线仍不垂直，并且当轮对继续运动时，轮对中心向轨道中心线另一侧偏离。轮对如此周而复始的运动称之为蛇行运动。轮对中心的运动轨迹称为自由轮对运动学蛇行运动曲线。

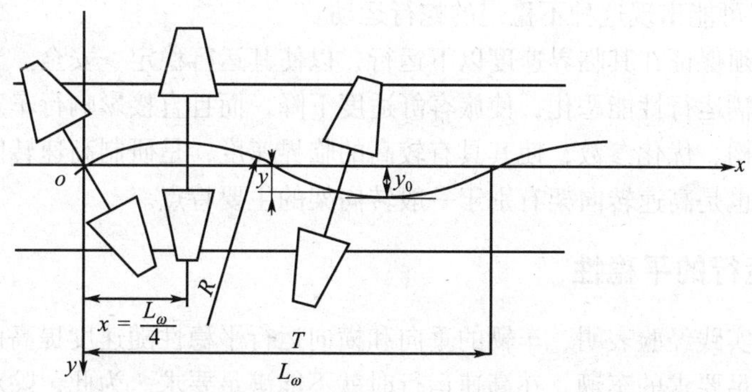

图 3－9 轮对的蛇行运动轨迹

自由轮对蛇行运动曲线可用以下关系式描述：

$$y = y_0 \sin \omega t \tag{3-1}$$

其中，y_0 ——初始偏移量，mm

ω ——轮对蛇行运动的角频率；

$$\omega = \sqrt{\frac{\lambda_0}{br_0}}v$$

v ——车辆运行速度，km/h

λ_0 ——车轮踏面斜度；

r_0 ——车轮名义半径，mm；

b ——轮对两滚动圆距离之半，mm。

自由轮对蛇行运动的周期为：

$$T_\omega = \frac{2\pi}{\omega} = \frac{2\pi}{v}\sqrt{\frac{br_0}{\lambda_0}} \tag{3-2}$$

自由轮对蛇行运动的波长为：

$$L_\omega = T_\omega \cdot v = 2\pi\sqrt{\frac{br_0}{\lambda_0}} \tag{3-3}$$

由上式可见，r_0 越大、λ_0 越小，L_ω 越长，蛇行运动越平缓。

轮对的蛇行运动会激起车辆系统的振动，这种振动属于自激振动，只要车辆沿轨道运行、轮对中心与轨道中心线之间存在横向偏移时，就会引起轮对蛇行运动。车辆停止运动后。蛇行运动也就自然停止。

当铁道车辆在某一速度以下运行时，即使有一定的线路扰动使车辆在横向偏离线路中心位置，当扰动消失后，车辆在横向的振动会逐渐衰弱，最后回到线路中间位置，因此车辆运动是稳定的；而当车辆在某一速度以上运行时，线路任何的微小干扰都会使车辆在横向产生上述蛇行运动，而且振幅越来越大，直至车轮轮缘碰撞钢轨，损伤车辆及线路，甚至造成车辆脱轨、倾覆等行车安全事故，这时车辆运动是不稳定的。这一速度称为蛇行稳定性临界速度，简称临界速度。国外高速转向架的试验研究证明，当车辆的运行速度超过 200 km/h 时，有可能出现这种不稳定的蛇行运动。

高速列车必须保证在其临界速度以下运行，以使其运行稳定、安全。当转向架运动不稳定时，不仅车辆运行性能恶化，使旅客舒适度下降，而且直接影响行车安全。因此，通过改变转向架结构、优化参数，使其具有较高的临界速度，是研制高速转向架需要解决的关键技术问题，也是高速转向架有别于一般转向架的主要特点。

3.2.2 高速运行的平稳性

理论分析和实践经验表明，车辆的垂向和横向运行平稳性随速度提高而下降。在一般速度下平稳性满足要求的车辆，在高速运行时就不能满足要求。为此，除对线路构造、养护标准等有严格要求外，也应合理设计转向架的悬挂装置（弹簧减振系统）和选择其参数。

乘客舒适度是反映乘客在旅途中疲劳程度的综合性生理指标。影响舒适度的因素很多，如车内设备、通风、照明、温度、湿度、噪声、瞭望和振动等，但振动是车辆运行过程中始终存在的、一直起作用的主要因素。对此，通常用平稳性指数 W（Sperling 方法的评价计算值）来表示，它反映车辆振动对舒适度的影响程度。对于高速动车组，其平稳性指数 W 必须达到优级。

平稳性指数 W 反映了力的变化率引起冲动和振动时的动能大小对舒适度的影响，计算公式如下：

$$W = 0.896\sqrt[10]{\frac{a^3}{f}F(f)} \tag{3-4}$$

式中：a——加速度，cm/s^2；

f——振动频率，Hz；

$F(f)$——与振动频率有关的加权系数。

我国铁路客货车平稳性等级见表3-1。

表3-1 我国铁路客货车平稳性等级

平稳性等级	评 语	平稳性指数 W	
		客车	货车
一级	优	<2.5	<3.5
二级	良好	2.5~2.75	3.5~4.0
三级	合格	2.75~3.0	4.0~4.25

3.2.3 高速通过曲线的性能

单独一个轮对在曲线上运行时，由于左右轮轨接触点的半径可能不同，因此不需要司机操纵，轮对就能够沿曲线自动转向。但是，一旦构成转向架，轮对就难以实现理想的转向。这时，在车轮和钢轨间将产生侧向压力，并造成车轮、钢轨的磨损。一般车速运行时，轮、轨的磨损问题尚不突出，但高速列车通过曲线时，产生较大的侧压力，会造成轮、轨的剧烈磨损，还易引起脱轨、倾覆等安全事故。

一般来说，改善车辆的曲线通过性能与抗蛇行运动稳定性往往是矛盾的。因此在选择高速转向架的有关设计参数时，要合理地兼顾这两方面的性能要求。

除了以上三方面要求外，在研制高速转向架时还需要控制噪声，尽可能减少自重，尤其是减轻簧下质量，以减少轮、轨之间的冲击作用及磨耗甚至损伤等。

国外高速客车转向架的发展表明，只要通过合理的设计和采取必要的技术措施，上述要求是可以达到的。转向架参数与车辆动力学性能的定性关系见表3-2。

表3-2 转向架参数与车辆动力学性能的定性关系

参数＼性能		稳定性	轮重变化	曲线横向力	抗倾覆	舒适性	轨道破坏
轴距		○		×			×
车轮	直径						
	踏面等效锥度	×		◎			

续表

参数＼性能		稳定性	轮重变化	曲线横向力	抗倾覆	舒适性	轨道破坏
轴箱定位纵向刚度		◎		×			×
一系弹簧刚度			Δ		○	×	
二系弹簧	垂向刚度		Δ		◎	×	
	横向刚度		Δ		◎	◎	
转向架回转力矩		◎		×			×
转向架重量	簧间重量	Δ				Δ	
	簧下质量	×	×	×			×
转向架转动惯量		×		×			×

注：◎表示参数值越大，产生越有利的影响。

○表示参数值越大，有一定好处，但实际差别不大。

Δ表示参数值越大，有一定的不利影响，但不明显。

×表示参数值越大，有越坏的影响。

空格则表示相互关系不大。

3.3 国外动车组转向架

3.3.1 日本动车组转向架

日本自1964年以来，开发了30余种高速动车组转向架，其中有些是试验型，有些是成批量生产型。

日本动车组转向架技术的发展大体上可以分为三代。第一代是以DT200、DT201和DT202、WDT202型为代表的无摇动台转向架；第二代是以TDT203和TTR7001为代表的无摇枕转向架；第三代是以WDT205为代表的无摇枕转向架，中央悬挂系统采用了半主动控制悬挂系统。

1. DT202和WDT202型转向架

DT200型和DT201型转向架主要用于0系和200系动车组。DT202型和WDT202型转向架用于100系动力车和拖车。这些转向架的主要特点是：

① 取消摇动台，利用空气弹簧的横向刚度；

② 车体的支承方式为“车体－空气弹簧－摇枕－构架”，摇枕与构架之间为旁承支重；纵向拉杆连接于车体与摇枕之间，其端部由两半球形橡胶组成；

③ 轴箱弹簧采用螺旋弹簧和橡胶垫，带液压减振器；轴箱定位采用IS式（单拉板式）装置，利用橡胶衬套使前后、左右有适当的弹性；

④ 构架为压型（U型）焊接结构，箱形断面，在构架和摇枕上焊有各种安装座，摇枕同时作为空气弹簧的附加空气室；

⑤ 对车轮直径差有严格的要求，一台转向架的直径差不超过0.5 mm，一根轴的左右轮径差不超过0.2 mm。

DT200、DT201 和 DT202 三种转向架基本结构相同，只是局部结构和某些参数有所变化。

DT200 的最高运行速度为 210 km/h，DT201 的最高运行速度为 275 km/h，DT202（WDT202）的最高运行速度为 230 km/h。

2. TDT203 和 TTR7001 型转向架

TDT203 和 TTR7001 型转向架用于 300 系动车组的动力车和拖车，主要特点是：

① 车体悬挂为无摇枕，由牵引装置替代摇枕的功能；

② 采用膜式空气弹簧，能适应较大的横向变位、提高隔绝垂直振动的性能，采用板阀式可变节流孔，附加空气室布置在构架横梁内，提高了转向架的平稳性；

③ 轴箱定位采用螺旋弹簧和圆筒橡胶并用的方式，垂直动载荷由螺旋弹簧和圆筒橡胶并列承受，由圆筒橡胶实现轴箱的前后、左右弹性定位；

④ 为了增加衰减力，轴箱减振器做成双向的，以降低高频振动；

⑤ 为了减轻轴重和簧下质量，构架采用无端梁 H 形结构，不仅提高了材质强度，而且减薄了板厚；采用空心车轴；车轮直径由 910 mm 改为 860 mm；轴箱体采用铝合金锻造，齿轮箱用铝合金铸造；轴承采用带突缘的圆柱滚子轴承，省略了球轴承，实现了小型化、轻量化。

TDT203 和 TTR7001 型转向架的最高运行速度为 270 km/h。

3. WDT205 型转向架

WDT205 型转向架是 500 系全动车的动力转向架，其设计目标是：高速度（最高运行速度 300 km/h），安全平稳，乘坐舒适，保护环境，降低总成本。WDT205 型转向架如图 3－10 所示。其主要特点是：

① 采用无摇枕空气弹簧支承方式；

② 采用转臂式轴箱定位；

③ 采用空心车轴、铝制转臂、减小轮径（860/790）等措施降低转向架自重；

④ 中央悬挂系统采用主动控制悬挂系统以减轻振动等。

图 3－10　WDT205 型转向架外形图

表3－3中列车了日本三代转向架的结构型式与主要技术参数。

表3－3　日本高速动车组代表性转向架结构型式与参数

		项目		100系	300系	500系
车　型				100系	300系	500系
车　种*				12M4T	10M6T	16M
最高运行速度/（km/h）				230	270	300
动车转向架		转向架型号		DT202	TDT202	WDT205
动车转向架		转向架重量/t		9.8	6.6	6.5
动车转向架		轴　式		B0－B0	B0－B0	B0－B0
动车转向架		轴　型		实心	中空	中空
动车转向架		固定轴距/mm		2 500	2 500	2 500
动车转向架		车轮直径/mm		910	860	860
动车转向架	结构型式	车体悬挂		无摇动台	无摇枕	无摇枕
动车转向架	结构型式	轴箱定位方式		单拉板式	圆筒橡胶	转臂式
动车转向架	结构型式	牵引电机悬挂方式		架悬	架悬	架悬
动车转向架	结构型式	驱动方式		齿轮联轴节	齿轮联轴节	齿轮联轴节
动车转向架	结构型式	变速装置		单级	单级	
车　种*				12M4T	10M6T	16M
最高运行速度/（km/h）				230	270	300
拖车转向架		转向架型号		WDT202**	TTR7001	
拖车转向架		转向架重量/t			6.8	
拖车转向架	结构型式	车体悬挂		无摇动台	无摇枕	
拖车转向架	结构型式	牵引装置		纵向牵引拉杆	单拉杆式	
拖车转向架	结构型式	弹簧型式	轴箱	钢圆簧	钢圆簧	
拖车转向架	结构型式	弹簧型式	中央	空气弹簧	空气弹簧	
拖车转向架	结构型式	减振器型式	轴箱	液压式	液压式	
拖车转向架	结构型式	减振器型式	中央	垂向：固定节流孔 横向：液压式	可变节流孔	
拖车转向架	结构型式	中央悬挂横向跨距/mm		2 500	2 450	
拖车转向架	结构型式	回转阻尼形式		旁承摩擦力矩	抗蛇行减振器	
拖车转向架	结构型式	轴箱定位方式		单拉板式	圆筒橡胶	
拖车转向架	结构型式	抗侧滚装置形式		无	无	

注：*M为动车；T为拖车；**用于100系N双层列车。

3.3.2　法国TGV高速转向架

1. 第一代TGV－PSE用的转向架

TGV－PSE的动车转向架为Y230型，拖车转向架（铰接式转向架）为Y231型，运营速度为270 km/h。主要特点有：

① 车体悬挂为无摇枕，牵引装置为拉杆式，可使车体相对于构架在左右方向运动更加自由；

② 二系悬挂为高柔度的钢圆簧，每台转向架配置两个垂直减振器、两个抗蛇行减振器和一个横向减振器；

③ 一系悬挂由一组钢圆簧与两组叠层橡胶弹簧组成，该两组叠层橡胶弹簧可保证轴箱与构架在横向和纵向的定位刚度；

④ 转向架轴距增加到 3 000 mm。

2. 第二代 TGV－A 用的转向架

TGV－A 的动力转向架仍为 Y230 型（如图 3－11 所示），拖车转向架为 Y237 型（如图 3－12 所示），最高运行速度为 300 km/h，最高试验速度为 515.3 km/h。Y237 型转向架与 Y231 型转向架相比，在结构性能方面都有较大的改进。

① 二系悬挂改用空气弹簧。由于 Y231 型转向架采用高柔度的钢圆簧，在运行中暴露出向车体传递 10 Hz 的高频振动，并与车体的弯曲振动相耦合，导致运行平稳性不良。为此采用垂向和横向都具有高柔性的 SR10 空气弹簧，使得车体在簧上的垂向和横向自振频率分别降低到 0.7 Hz 和 0.75 Hz，显著地改善了车辆的垂向和横向振动性能，提高了在直线和曲线上的运行平稳性。

② 在二系悬挂中加装抗侧滚扭杆装置，这是采用高柔性的二系悬挂后所必需的。

③ 采用了转臂式轴箱定位结构。由于 Y231 型转向架中定位用的两组叠层橡胶弹簧参与承载（垂直载荷由轴箱钢圆簧承受 60%，两组叠层橡胶弹簧承受 40%），而使一系悬挂刚度过大，且小振幅时出现卡滞现象，导致振动性能不良。取消两组叠层橡胶的定位弹簧，由转臂关节中的橡胶元件实现纵、横向定位刚度；还增大了一系悬挂的柔度，在每一轴箱处装了小阻尼的垂向液压减振器，因此大大改善了转向架的动力性能。

④ 在 Y237 转向架的两相邻车端的四角，用四个纵向液压减振器相连，这一独特的减振器布置使相连的车辆组成一个整体的耦合振动系统，使得每一相邻车端由于点头、摇头所引起的上下、左右相对角振动受到了减振阻尼的抑制。此外，在相邻车端间的上部还装有一横向减振器以抑制侧滚振动。在采用上述减振系统后，取消了 Y231 型转向架二系悬挂中的横向和垂向减振器，效果很好。

图 3－11　Y230 型动车转向架（转臂式轴箱定位）

图 3－12　Y237 型拖车转向架

3. 第三代 TGV－2N 用的转向架

TGV－2N 为双层客车，能增加 45% 的载客量。为了仍保持 17 t 轴重，采用铝合金车体，同时要求转向架进一步减重。TGV－2N 的动车转向架为 Y230 型，拖车转向架是 Y237 型的改进型 Y237－A。改进部分有：

① 在 Y237 型转向架上只安装一根扭杆，在 Y237－A 型转向架上采用两根扭杆；

② 尽可能实现轻量化，以适应双层客车仍保持 17 t 轴重的要求。如：进行构架结构的强度优化，使每一构架减重 170 kg；采用空心车轴，每个车轴减重 170 kg；将原用钢制的空气弹簧储风缸改为铝制的；制动装置减重 17% 等。Y237－A 型转向架比 Y237 型转向架总减重约 1 t。

表 3－4 中列出了法国三代转向架的结构型式与主要技术参数。

表 3－4　法国 TGV 动车组代表性转向架结构型式与参数

车　型			TGV－PSE	TGV－A	TGV－2N
车　种			2M8T	2M10T	2M8T
最高运行速度/（km/h）			270	300	300
动车转向架		转向架型号	Y230	Y230	Y230
		转向架重量/t	7.26	7.2	7.2
		轴　式	B0－B0	B0－B0	B0－B0
		固定轴距/mm	3 000	3 000	3 000
		车轮直径/mm	920	920	920
		踏面型式	1/40 锥形	1/40 锥形	磨耗型
	结构型式	车体悬挂	无摇枕	无摇枕	无摇枕
		轴箱定位方式	叠层橡胶式	转臂式	转臂式
		牵引电机悬挂方式	体悬	体悬	体悬
		驱动方式	平行万向轴	平行万向轴	平行万向轴
		变速装置	两级	两级	两级

续表

<table>
<tr><td colspan="4">车　型</td><td>TGV - PSE</td><td>TGV - A</td><td>TGV - 2N</td></tr>
<tr><td rowspan="11">拖车转向架</td><td colspan="3">转向架型号</td><td>Y231</td><td>Y237</td><td>Y237 - A</td></tr>
<tr><td colspan="3">转向架重量/t</td><td>7.8</td><td>约7.0</td><td>约6.0</td></tr>
<tr><td rowspan="9">结构型式</td><td colspan="2">车体悬挂</td><td>无摇枕</td><td>无摇枕</td><td>无摇枕</td></tr>
<tr><td colspan="2">牵引装置</td><td>拉杆式</td><td>拉杆式</td><td>拉杆式</td></tr>
<tr><td rowspan="2">弹簧型式</td><td>轴箱</td><td>钢圆簧</td><td>钢圆簧</td><td>钢圆簧</td></tr>
<tr><td>中央</td><td>钢高挠簧</td><td>空气弹簧 SR10</td><td>空气弹簧 SR10</td></tr>
<tr><td rowspan="2">减振器型式</td><td>轴箱</td><td>液压式</td><td>液压式</td><td>液压式</td></tr>
<tr><td>中央</td><td>垂向：液压式
横向：液压式</td><td>*
（见表注）</td><td>*
（见表注）</td></tr>
<tr><td colspan="2">回转阻尼形式</td><td>抗蛇行减振器</td><td>抗蛇行减振器</td><td>抗蛇行减振器</td></tr>
<tr><td colspan="2">轴箱定位方式</td><td>筒形叠层橡胶</td><td>转臂式</td><td>转臂式</td></tr>
<tr><td colspan="2">抗侧滚装置形式</td><td>无</td><td>抗侧滚扭杆</td><td>抗侧滚扭杆</td></tr>
</table>

注：* 由两车端的4个纵向、1个横向减振器代替。

3.3.3　德国 ICE 高速动车组转向架

1. ICE - 1（ICE - 2）动力转向架 UmAn

ICE - 1 动力车装有2台 UmAn 型动力转向架，以牵引拉杆与车体相连。它是在 ICE/V 型动车组动力转向架的基础之上发展而来的，如图3 - 13 所示。UmAn 型动力转向架的结构特点如下。

图3 - 13　ICE - 1 和 ICE - 2 动力转向架

① 一系采用螺旋弹簧，并联垂向液压减振器。轴箱采用单侧长拉杆定位，刚度很大，有利于保持驱动系统的稳定性，提高黏着利用，同时还可提高高速运行时的临界速度。对轮对横向运动则没有限制，轮对的横向定位刚度由一系悬挂的刚度保证。为确保运行的性能，纵向与横向定位刚度之间保持一定的比例关系。三角形轴箱拉杆可以大大提高轮对的横向定位刚度。拉杆两端采用了橡胶球关节。从易于维修的角度出发，轴箱仍采用铸钢结构。

② 为了减轻重量，车轴采用空心轴结构。车轮采用轻型辐板式结构，装卸车轮采用

油压法。采用磨耗型踏面，使两次旋轮之间的运行里程达 60 万 ~ 100 万 km。

③ 转向架构架是由 ST52 钢板焊接成的箱型梁组合而成的框形结构，无中间横梁，结构简单，重量轻，只有 1 498 kg。

④ 尽量降低轮轨间的动力作用。ICE－1 动力车轴重大，高达 19.5 t。为了降低大轴重下轮轨间的动力作用，必须尽量减小对其影响最大的簧下质量。ICE－1 型动车组每轴的簧下质量为 2.0 t 以下，只占动力车总重量的 10%。一系簧上重量只占 12%。而采用牵引电动机架悬的簧下质量约占 12%，一系簧上重量约占 28%。

⑤ 兼顾直线和曲线的运行性能。ICE－1 动车组不仅能在直线线路上高速运行而不失稳，而且在曲线半径较小的既有线上也具有较好的通过性能。

⑥ 牵引装置是在转向架外侧的端梁上布置拉压牵引杆。在耐磨性和维修性方面，拉压牵引杆明显优于中心销方案，其结构简单，重量轻。

2. ICE－1 拖车转向架 MD530

德国于 1986 年开始研制 ICE（或称 ICE－1）高速动车组，采用 MD530 转向架，如图 3－14 所示。1991 年正式投入运营，最多 16 辆编组（2M + 14T），最高运营速度为250 km/h。

MD530 转向架是在 MD52 转向架基础上改进的，主要结构特点如下。

① 有摇动台。车体通过两侧的旁承作用在摇枕上，摇枕经二系弹簧组件落在弹簧承梁上，再经一个摆动吊杆和橡胶弹性支座悬吊于构架上。当吊杆发生断裂时，弹簧承梁落在紧固于构架的挡卡上。在构架纵向梁的外侧设有一特别宽的弹簧支座，使得吊杆、支座的监控和维护变得简单，并且弹簧支座的横向跨距大，因此不需要抗侧滚装置。

② 轴箱定位装置为双拉板式，在轴箱与弹性拉板之间设有纵向弹性铰。

③ 装设机械回转稳定装置。“机械回转阻尼”是通过摇枕与车体之间的旁承摩擦力矩来实现的，而当运行速度超过 160 km/h 时，为避免转向架运行失稳，装设机械回转稳定装置，目的是消除摇枕与构架之间微小的转动，抑制高速下的转向架蛇行运动。

图 3－14　ICE－1 拖车转向架

3. ICE－2 拖车转向架 SGP400

SPG400 转向架（如图 3－15 所示）在三个方面有很大的改进。

图 3－15 ICE－2 拖车转向架

① 在转向架上设回转阻尼系统 DES。电子控制回转阻尼系统 DES，是带磁性阀门的抗蛇行减振器，根据实际运行速度接通或者断开，在速度相对不高的弯道区间，该系统不起阻尼作用，只有当高速运行时才起阻尼作用，从而明显地减小轮轨导向力，改善磨损情况，从而一方面保证在高速下的运行稳定性，另一方面又克服了转动阻尼系统的负面作用。

② 二系悬挂横向主动控制系统 AQS。通常，转向架二系悬挂柔软的横向弹性有利于保证较好的舒适度。在弯道行驶时，未被平衡的横向力使车体产生横向位移，经过一定行程后，由于弹性止挡的作用叠加一个渐增的刚度特性。采用横向弹性主动控制系统 AQS，可以使车体回到中心位置附近，避免横向挡的接触，以保持柔软的横向弹性特性，使通过弯道时与直道上行驶时具有相同的舒适度。

③ 轮对定位系统 RHC。车辆的曲线和直线运行性能在设计上是相互矛盾的。为使曲线运行性能好，即轮轨力和轮轨磨耗最小，那么轮对定位的纵向刚度应保持低值；为适应 200 km/h 及以上的高速运行，轮对定位应具有较高的纵向刚度，以保持两个轮对的平行，满足稳定性的要求，但这将导致通过曲线时产生较大的轮轨力和轮轨磨损。鉴于这种矛盾，欧洲铁路研究所采用主动式气动控制的轮对定位装置，使轮对定位刚度随实际的运行速度而改变。

SGP400 转向架采用液压定位套（RHC 轮对定位系统），图 3－16 是其剖视图。液压定位套有完全封闭的由橡胶和金属元件组成的内外轴套（图中剖面线部分为金属，黑色部分为橡胶），两个油腔相对配置（图中白色部分），内轴套的底部有一个节流通道。两个油腔用液压油灌满，在节流通道内有一个节流阀系统。当液压轴套的内、外轴套相对运动较慢时，液压油经过节流通道从一个油腔至另一个油腔；在快速运动时，节流阀产生很大的阻力，使系统的液压特性变硬。换句话说，曲线运行时，可实现低的轮对纵向定位刚度，而在高速时，形成较高的纵向定位刚度。因此上述的设计矛盾可得到较好的解决。

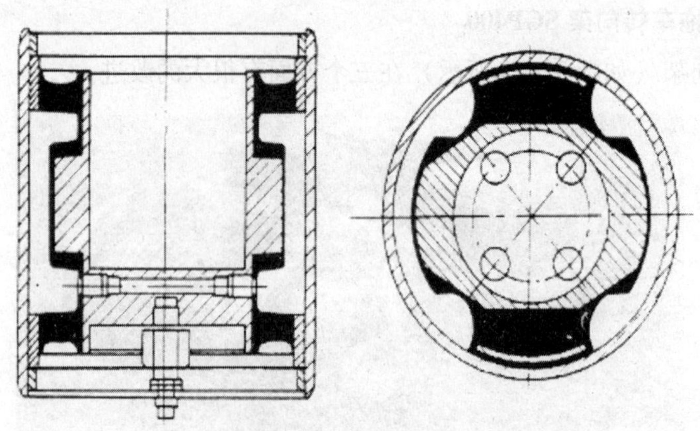

图 3－16　液压定位套剖面图

4. ICE－3 转向架 SGP500

SGP500 是 ICE－3 采用的转向架，如图 3－17 和图 3－18 所示。最高运行速度为 330 km/h，

图 3－17　ICE－3 动车转向架

图 3－18　ICE－3 拖车转向架

为此每吨重量的功率要从 ICE－1 时的 10 kW/t 增加到 20 kW/t，同时要求最大轴重不超过 17 t，所以 ICE－3 采用了动力分散的方式，全列车中动力转向架和非动力转向架各占 50%。SGP500 转向架的结构特点如下：

① 和 SGP400 一样，为无摇枕结构，二系悬挂为加有橡胶堆的空气弹簧；

② 装有抗侧滚扭杆和抗蛇行减振器；

③ 一系悬挂是钢圆簧＋垂直减振器，采用单侧拉杆定位；

④ 动力转向架上装有轮式盘形制动，非动力转向架上每轴装 2～3 个轴式盘形制动。

表 3－5 中列出了德国三代转向架的结构型式与主要技术参数。

表 3－5　德国 ICE 动车组代表性转向架结构型式与参数

<table>
<tr><td colspan="4">车　型</td><td>ICE－1</td><td>ICE－2</td><td>ICE－3</td></tr>
<tr><td colspan="4">车　种</td><td>2M＋14T</td><td>M＋12T</td><td>M＋T（各 50%）</td></tr>
<tr><td colspan="4">最高运行速度/（km/h）</td><td>250</td><td>280</td><td>330</td></tr>
<tr><td rowspan="11">动车转向架</td><td colspan="3">转向架型号</td><td>UmAn</td><td>UmAn</td><td>SGP500</td></tr>
<tr><td colspan="3">转向架重量/t</td><td>14.3</td><td>14.3</td><td>9.2</td></tr>
<tr><td colspan="3">轴　式</td><td>B0－B0</td><td>B0－B0</td><td>B0－B0</td></tr>
<tr><td colspan="3">固定轴距/mm</td><td>3 000</td><td>3 000</td><td>2 500</td></tr>
<tr><td colspan="3">车轮直径/mm</td><td>1 000</td><td>1 000</td><td>920</td></tr>
<tr><td colspan="3">踏面型式</td><td>1/8 磨耗型</td><td>1/8 磨耗型</td><td>1/8 磨耗型</td></tr>
<tr><td rowspan="5">结构型式</td><td colspan="2">车体悬挂</td><td>有摇枕</td><td>有摇枕</td><td>无摇枕</td></tr>
<tr><td colspan="2">轴箱定位方式</td><td>长拉杆</td><td>长拉杆</td><td>圆筒橡胶</td></tr>
<tr><td colspan="2">牵引电机悬挂方式</td><td>半体半架</td><td>半体半架</td><td>架悬</td></tr>
<tr><td colspan="2">驱动方式</td><td>空心轴六连杆</td><td>空心轴六连杆</td><td>齿轮联轴节</td></tr>
<tr><td colspan="2">变速装置</td><td>单级</td><td>单级</td><td>单级</td></tr>
<tr><td rowspan="12">拖车转向架</td><td colspan="3">转向架型号</td><td>MD530</td><td>SGP400</td><td>SGP500</td></tr>
<tr><td colspan="3">转向架重量/t</td><td>7.5</td><td>约 6.5</td><td>7.5</td></tr>
<tr><td rowspan="10">结构型式</td><td colspan="2">车体悬挂</td><td>有摇动台</td><td>无摇枕</td><td>无摇枕</td></tr>
<tr><td colspan="2">牵引装置</td><td>拉杆式</td><td>中心销</td><td>中心销</td></tr>
<tr><td rowspan="2">弹簧型式</td><td>轴箱</td><td>钢圆簧</td><td>钢圆簧</td><td>钢圆簧</td></tr>
<tr><td>中央</td><td>钢圆簧</td><td>空气弹簧</td><td>空气弹簧</td></tr>
<tr><td rowspan="2">减振器型式</td><td>轴箱</td><td>液压式</td><td>液压式</td><td>液压式</td></tr>
<tr><td>中央</td><td>垂向：液压式
横向：液压式</td><td>横向主动控制
系统 AQS</td><td>垂向：液压式
横向：液压式</td></tr>
<tr><td colspan="2">中央悬挂横向跨距/mm</td><td>2 480</td><td>2 000</td><td>1 900</td></tr>
<tr><td colspan="2">回转阻尼形式</td><td>旁承摩擦力矩＋
机械式回转阻尼</td><td>电子控制回转
阻尼系统 DES</td><td>抗蛇行减振器</td></tr>
<tr><td colspan="2">轴箱定位方式</td><td>双拉杆式</td><td>液压定位套</td><td>单侧拉杆式</td></tr>
<tr><td colspan="2">抗侧滚装置形式</td><td>无</td><td>抗侧滚扭杆</td><td>抗侧滚扭杆</td></tr>
</table>

第 4 章　动车组牵引供电

4.1　牵引供电

牵引供电是指拖动车辆运输所需电能的供电形式。例如城市电车、城市地下铁道、工厂矿山的电力交通运输供电等，都可称为牵引供电。电气化铁道供电，因其用电量大、分布广，因而形成相对独立于电力系统的电气化铁道牵引供电系统。

4.1.1　牵引供电系统的电流制

电气化铁道供电采用何种电流制，关系到许多重大技术问题和铁路运输的经济效益，故成为每个建造电气化铁道的国家首先要考虑的问题。目前主要有以下 4 种电流制。

1. 直流制

直流制是世界上早期电气化铁道普遍采用的方式，到目前为止，直流制在电气化铁道中所占的比例仍占43%。其原因是电力机车多采用机械性能好、调速方便的直流电动机牵引。显然，利用直流电向直流电机供电可以极大地简化机车设备。

受直流牵引电动机额定电压的限制，直流制供电电压较低，通常只有 1 500 V。

由于供电电压较低，要保证电力机车足够的功率，供电电流就比较大，线路损耗也大，所以送电距离较短，一般不超过 20 ~ 30 km，变电所的数目相对增加。又由于电流较大，需要导线的截面大，金属消耗增加。另外，牵引变电所必须有整流设备。

在工矿企业，城市地上交通和地铁供电，由于相对距离较近，对供电的安全性却要求较高，所以采用电压较低的直流制供电更具有优越性。矿山运输的直流电压为 1500 V，城市电车为 650 ~ 800 V，地铁为 720 ~ 820 V。

2. 低频单相交流制

为了克服直流制的缺点，在 20 世纪初，西欧一些国家采用了低频单相交流制，并得到了较大发展。低频单相交流制的频率为 $16\frac{2}{3}$Hz，电压也提高到 11 ~ 15 kV。

这些国家之所以采用低频，是因为当时这些国家有低频的工业电力，且低频的整流相对容易，低频交流的电抗也较工频小。

和直流制比较，低频单相交流制的导线截面减小，送电距离也可相应提高到 50 ~ 70 km。

低频单相交流制的主要缺点是供电频率与工业供电频率不同，故变电所必须有相应的变频装置，或由铁路专用的低频发电厂供电。

3. 三相交流制

在牵引电流制的发展过程中，个别国家，如瑞士、法国等，还采用了3.6 kV的三相交流制，电力机车牵引电动机采用三相交流异步电动机。

三相交流制是三相对称负荷，不会影响电力系统的三相对称性，牵引变电所和电力机车的结构也都相对简化。而且三相异步电动机运行可靠、维护方便，但其主要缺点是机车供电线路复杂，特别是三相异步电动机调速比较困难。

4. 工频单相交流制

工频单相交流制是电气化铁道发展中的一项先进供电制，最早出现在匈牙利，电压为16 kV。1950年法国试建了一条25 kV的单相工频交流电气化铁道。随后日本、前苏联等相继都采用了工频单相交流制，电压为20 kV。由于此种电流制的优越性比较明显，很快在各国被采用，目前已占到电气化铁道的40%以上。我国电气化铁道建设一开始就采用了此种电流制，从而为后来的电气化铁道的发展打下了良好的基础。

工频单相交流制的主要优点如下：

① 牵引供电系统结构简单，牵引变电所从电力系统获得电能并经过电压变换后，直接供给牵引网，不需要在变电所设置整流和变频设备，变电所结构大为简化；

② 牵引供电电压增高，既可保证大功率机车的供电，提高机车的牵引定数和运行速度，又可使变电所之间的距离延长，导线截面减少，建设投资和运营费用显著降低；

③ 交流电力机车的黏着性能和牵引性能良好。通过机车上变压器的调压，牵引电动机可以在全并联状态下工作，牵引电动机并联运转可以防止轮对空转的恶性发展，从而提高了运用黏着系数；

④ 和直流制比较，交流制的地中电流对地下金属的腐蚀作用小，一般可不设专门防护装置。

工频单相交流制存在的主要问题如下：

① 单相牵引负荷将会在电力系统中形成负序电流，当电力系统容量较小时，负序电流的影响尤为突出；

② 电力牵引负荷是感性负荷，功率因数低，特别是采用相控整流后，牵引电流变为非正弦波，出现较大的谐波电流，将使功率因数更低；

③ 牵引网中的单相工频电流将对沿线通信线路造成较大的电磁干扰。

为了克服上述缺点，电气化铁道的投资也相应增加。

4.1.2 工频单相交流牵引供电系统

动车组牵引供电系统是工频单相交流牵引供电系统，主要包括牵引变电所（SS）及接触网两个部分，其任务是保证质量良好并不间断地向动车组供电。

牵引变电所是电气化铁路供电系统的心脏，必须具有高度的可靠性。高速线路的牵引变电所除了在变压器容量的选择上要考虑高速运行的条件外，在其他方面与一般线路的牵引变电所区别不大。

接触网是牵引供电系统的主动脉，其功能是通过与受电弓在运行中良好的摩擦接触将电能传给动车组。

牵引供电系统示意图如图 4 - 1 所示。SS 为牵引变电所，它是电气化铁路供电系统的心脏。SSP_1 和 SSP_2 为开闭所，所谓开闭所，是指不进行电压变换而用开关设备实现电路开闭的配电所，一般有两条进线，然后多路馈出，向枢纽站场接触网各分段供电。进线和出线均经过断路器，以实现接触网各分段停、供电灵活运行的目的。又由于断路器对接触网短路故障进行保护，从而可以缩小事故停电范围，提高供电的可靠性。SP 为分区所，分区所设于两个牵引变电所的中间，可使相邻的接触网供电区段（同一供电臂的上、下行或两相邻变电所的两供电臂）实现并联或单独工作，作用是改善电气化铁路的运行条件，提高接触网末端电压，降低电能消耗。如果分区所两侧的某一区段接触网发生短路故障，可由供电的牵引变电所馈线断路器及分区所断路器在继电保护的作用下自动跳闸，将故障段接触网切除，而非故障段的接触网仍照常工作，从而使事故范围缩小一半。ATP 为自耦变压器所，它设置在自耦变压器供电方式区段。

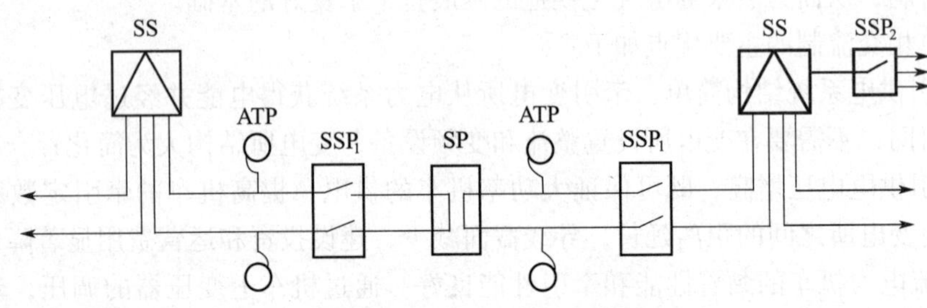

图 4 - 1　牵引供电系统示意图

SS—牵引变电所；SP—分区所；SSP_1，SSP_2—开闭所；ATP—自耦变压器所

4.2　动车组供电

接触网上的额定电压为 25 kV，由于较长距离的供电，在输电线路和接触网中产生的电压和电能损耗，使接触网末端电压降低。为了使接触网末端不低于电力机车的最低工作电压，牵引变电所馈出母线上的额定电压为 27.5 kV。

由于工频单相交流 25 kV 的牵引网是一种不对称供电回路，势必在其周围空间产生电磁场，从而对邻近的通信和广播设备产生杂音干扰，解决这一问题的途径有两个：一是在通信方面采取加强屏蔽的措施，或将受影响的通信设备迁离影响范围；二是在供电方面采取抑制干扰的措施，随着牵引网所采取的抑制干扰措施的不同，出现了不同的牵引供电方式。

4.2.1　供电方式

电气化铁路有五种供电方式，即直接供电方式、吸流变压器供电方式、带回流线的直接供电方式、自耦变压器供电方式和同轴电力电缆供电方式。

1. 直接供电方式

直接供电方式是牵引网中不加特殊防护措施的一种供电方式，它以一根馈线接在接触网上，另一根馈线接在钢轨上，如图 4－2 所示。这种供电方式最简单，投资最省，牵引网阻抗小，能耗也较低。单线供电距离一般为 30 km 左右，双线供电距离一般为 25 km。电气化铁路是单相负荷，动车组由接触网取得电流，经钢轨回流牵引变电所。直接供电的缺点是由于钢轨与大地并不是绝缘的，一部分回流由钢轨流入大地，因此对沿线的通信线路产生感应影响。

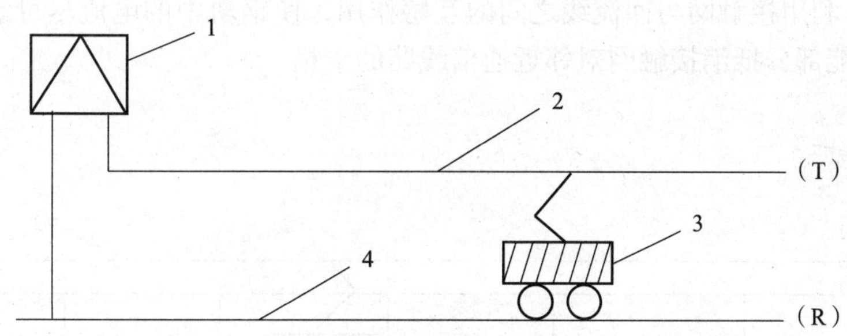

图 4－2　直接供电方式

1—牵引变电所；2—接触网（T）；3—机车；4—钢轨（R）

2. 吸流变压器供电方式

吸流变压器供电方式（简称 BT 供电方式）是在牵引网中架设有吸流变压器—回流线装置的一种供电方式。目前，在我国电气化铁路上采用较为广泛。吸流变压器的变比为 1:1，它的一次绕组串接在接触网（T）上，二次绕组串接在专为牵引电流流回牵引变电所而特设的回流线（NF）上，所以也称吸流变压器－回流线供电方式（简称吸－回方式），如图 4－3 所示。

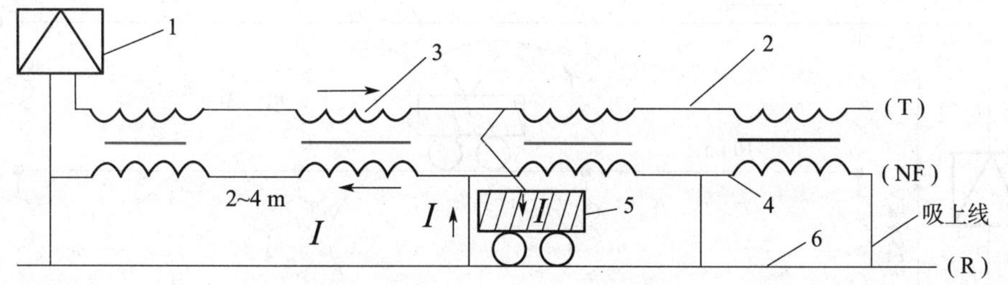

图 4－3　吸流变压器供电方式

1—牵引变电所；2—接触网（T）；3—吸流变压器；4—回流线（NF）；5—机车；6—钢轨（R）

在两个吸流变压器中间用吸上线将钢轨与回流线连接起来，构成动车组负荷电流流向回流线的回路。两个吸流变压器之间的距离称为吸流变压器区段，一般吸流变压器区段长为 2～4 km。

吸流变压器供电方式的工作原理是，由于吸流变压器的变比为 1: 1，当吸流变压器的一次绕组流过牵引电流时，在其二次绕组中强制回流通过吸上线流入回流线。由于接触网与回流线中流过的电流大致相等，方向相反，因此对邻近的通信线路的电磁感应大部分被抵消，从而降低了对通信线路的干扰。这种供电方式由于在牵引网中串接了吸流变压器，牵引网的阻抗比直接供电方式大50%，能耗也较大，供电距离也较短，单线一般为25 km，双线一般为20 km，投资也比直接供电方式大。

3. 带回流线的直接供电方式

带回流线的直接供电方式是在接触网支柱上架设一条与钢轨并联的回流线（NF），如图4-4所示。利用接触网与回流线之间的互感作用，使钢轨中的电流尽可能地回流牵引变电所，因而能部分抵消接触网对邻近通信线路的干扰。

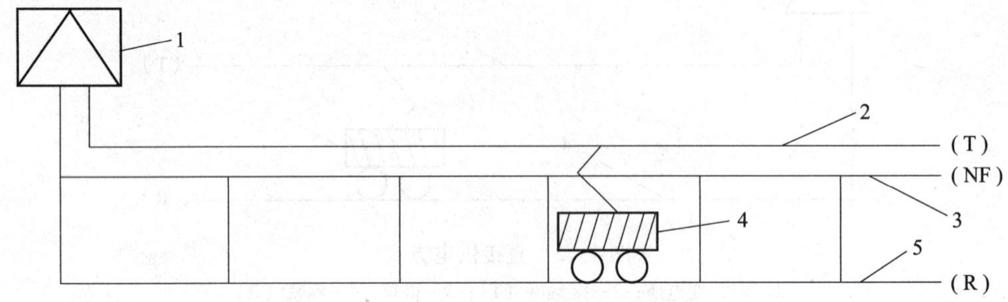

图4-4　带回流线的直接供电方式

1—牵引变电所；2—接触网（T）；3—回流线（NF）；4—机车；5—钢轨（R）

4. 自耦变压器供电方式

自耦变压器供电方式简称AT供电方式。如图4-5所示。

根据变压器安匝平衡原理，动车组电流分主被收入 n_2n_i 经正馈线返回电源。

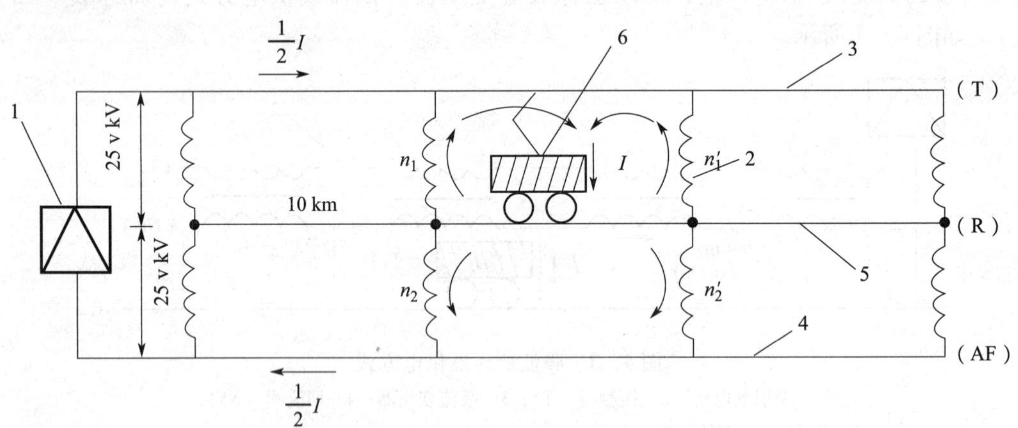

图4-5　自耦变压器供电方式

1—牵引变电所；2—自耦变压器；3—接触网（T）；4—正馈线（AF）；5—钢轨（R）；6—机车

AT供电方式是每隔10 km在接触网与正馈线之间并联接入一台自耦变压器，其中性点与钢轨相连。自耦变压器将牵引网的供电电压提高一倍，而供给动车组的电压仍然不变。由于自耦变压器的作用，经钢轨流回的电流，经自耦变压器绕组和正馈线流回变电所。当自耦变压器的一个绕组流过动车组电流时，其另一个绕组感应出电流供给动车组。因此当动车组负荷电流为 I 时，由接触网供给的电流为 $0.5I$，另外 $0.5I$ 负荷电流由自耦变压器感应产生。

这种供电方式的牵引网阻抗小，电能损耗低，供电距离长，可达 40 ~ 50 km。由于接触网和正馈线中的电流流动方向相反，因而对邻近的通信线路干扰很小。

5. 同轴电力电缆供电方式

同轴电力电缆供电方式简称 CC 供电方式，是一种新型的供电方式。同轴电力电缆沿铁路埋设，其内部芯线作为馈线与接触网连接，外部导体作为回流线与钢轨相接。每隔 5 ~ 10 km 作一个分段，如图 4 - 6 所示。

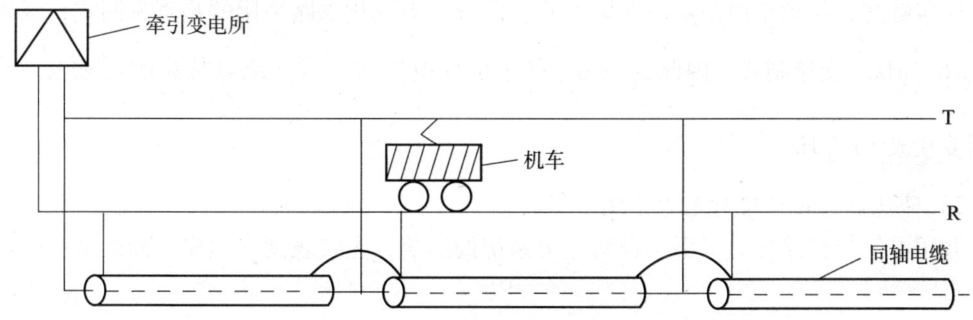

图 4 - 6　同轴电力电缆供电方式

T—接触网；R—钢轨

由于馈线与回流线在同一电缆中，间隔很小，而且同轴布置，使互感系数增大，所以牵引电流和回流几乎全部从同轴电力电缆中流过。由于电缆芯线与外部导体中的电流大小相等，方向相反，二者形成的磁场相互抵消，对邻近的通信线路几乎无干扰。同轴电力电缆阻抗小，因而供电距离长。同轴电力电缆供电方式的缺点是造价高，投资大，仅适用于电气化铁路穿越大城市或对净空要求较高的桥梁、隧道等特殊地段。

4.2.2　牵引变电所

牵引变电所的功能是将三相的 110 kV 高压交流电变换为两个单相 27.5 kV 的交流电，然后向铁路上、下行两个方向的接触网（额定电压为 25 kV）供电，牵引变电所每一侧的接触网都称为供电臂，但两臂的接触网电压相位是不同相的，一般是用耐磨的分相绝缘器隔离。相邻牵引变电所间的接触网电压一般为同相的，其间除用分相绝缘器隔离外，还设置了分区亭，通过分区亭断路器（或负荷开关）的操作，实行双边（或单边）供电。

牵引供电系统一般由铁路以外的容量较大的电力系统供电。电力系统有许多种电压等级的网络和设备，其中 110 kV 及以上电压等级的输电线路，用区域变电所中的变压器联系起来，主要用于输送强大电力，利用它们向电气化铁路的牵引变电所输送电力。为了保证供电的可靠性，由电力系统送到牵引变电所的高压输电线路无一例外地为双回线。两条回线互为备用，平时均处于带电状态，一旦一条回线发生供电故障，另一条回线自动切入，从而保证不间断供电。

1. 牵引变电所的作用

我国电气化铁路采用的是工频单相25 kV 交流制，而电力系统是一个三相交流系统，需要经过变换电压等级、由三相变换成单相才能使用。电气化铁路产生的负序和高次谐波对电力系统会造成多种不良影响，需要通过牵引变电所来解决。因此，牵引变电所应具有以下两个方面的作用。

1）将电力系统的电能变换成适合动车组使用的电能

在我国，牵引变电所内装设有牵引变压器（也称主变压器），将电力系统的高压（一般为110 kV 或220 kV）降为27.5 kV 或2×27.5 kV（自耦变压器供电方式），以单相电馈送给接触网，供动车组使用。国际上有些国家的电气化铁路采用的是直流制式，或是低频（$16\frac{2}{3}$Hz）交流制式，因此这些国家的牵引变电所需要将交流电整流成直流电，或将工频变换成$16\frac{2}{3}$Hz。

2）降低电气化铁路对电力系统的影响

我国电气化铁路电力牵引负荷对电力系统的影响，主要表现在负序、高次谐波及功率因数上。

（1）负序问题

电气化铁路的单相牵引负荷是一个不对称的负荷，对三相电力系统产生负序电流和负序电压。研究负序电流对电力系统的影响，可以从电源和负载两方面进行讨论。

① 电源方面

电源方面主要是对同步发电机的影响。制造厂生产的同步发电机，都是按三相平衡负荷运行来考虑的。此时设备可达到额定功率。同步发电机在正常的三相平衡负荷下，发电机定子绕组中产生与转子同向同速的旋转磁场，这个旋转磁场与转子间没有相对运动，所以转子中不会产生感应现象。当同步发电机向不平衡负荷供电时，其电流除了正序电流分量外，还有负序电流分量。

当负序电流分量通过发电机定子绕组时，将在定子绕组中产生负序旋转磁场，该磁场的转速与转子的转速相同，但方向却与转子转向相反。所以负序旋转磁场与转子间的相对速度为同步转速的两倍，它必将在转子的激磁绕组、阻尼绕组中感应产生两倍工频的附加电流，在转子表面感应产生涡流。这些附加电流和涡流形成附加损耗，引起额外温升。转子的表面温升较为明显。当负序电流达一定值时，此额外温升将影响发电机的输出，甚至使绝缘层受到损害。因此，从发电机的安全运行角度考虑，其每相电流均不应超过额定值，否则电流最大的一相将超过额定的温升。当最大的一相电流达到额定值时，较小的两相却小于额定值，所以就限制了发电机的输出。同时，转子绕组中感应产生的两倍同步频率的电流会在转子中造成脉动转矩，引起两倍同步频率的振动，在电动机中造成额外的机械应力。当负序电流超过一定值时，可使电动机的振动达到不允许的程度。

② 负载方面

- 对感应电动机的影响。电力牵引的单相负荷使三相系统中的各相线路产生不同的电压降，对接在该线路上的其他动力负荷供给一个不对称的三相电压。这个不对称的三相电压同样也分为正序、负序、零序三组对称分量。由于感应电动机一般没有中线连接，所以零序不能流通。其正序分量将产生正序转矩，这是使电动机转动的主转矩。负序分量将产生负序转矩，在电动机中产生制动的反力矩，直接影响了电动机的输出，从而降低其运行效率。
- 对电力变压器的影响。由于负序电流流入电力系统而使三相电流不对称，从电力变压器的安全运行考虑，其每相电流均不应超过额定值或允许过载值，当最大的一相电流达到额定值或允许过载值时，较小的两相却小于额定值，从而使变压器的容量利用率下降。另外，负序电流还造成变压器的附加能量损失，并在变压器铁芯磁路中造成附加发热。
- 对输电线路的影响。负序电流流过电力网时，负序功率实际上并不做功，只造成电能损失，从而降低了电力网的输送能力。
- 对继电保护的影响。负序电流容易使系统中由负序分量启动的继电保护及自动装置误动作，从而增加保护的复杂性。

③ 改善措施

为了尽量减轻单相牵引负荷给电力系统造成的负序影响，必要时可在电力系统、牵引供电系统采取改善措施。

电力系统采取的措施：

- 可在发电厂或枢纽变电所安装特殊的同期调相机。这种同期调相机，允许承受负序电流能力较大、负序阻抗较小，吸收负序电流时不存在相位选择问题，而且有良好的防震性能，可以吸收部分高次谐波电流，而不会引起共振，因此采用调相机是比较有效的措施，但调相机投资较大，占地较多，一般不采用；
- 临时性的过渡措施。如果负序电流的增大是临时性和过渡性的，则电力系统可采取一些临时运行方式。如将某些线路、变压器、电抗器投入或退出，以此来改变系统中负序电流的分配，达到减少负序电流流入那些承受负序影响能力较弱和承受负序影响较重的设备的目的。

牵引供电系统采取的措施：

- 采用牵引变电所换相连接的供电方式；
- 牵引变电所采用 Scott 接线、平衡牵引变压器。

下面主要介绍牵引供电系统中通常采用的换相连接。

对牵引变电所换相连接的基本要求：

① 对称，把各牵引变电所的单相牵引负荷轮换接入电力系统的不同相，使电力系统的三相负载电流对称；

② 除了纯单相接线牵引变电所，其他牵引变电所两相邻变电所的供电分区同相，以便必要时采取越区供电，并减少接触网的分相绝缘器数量；

③ 接触网分相绝缘器两端的电压不超过接触网的对地电压。

除了上述的基本要求之外，还应考虑下列问题：

① 相邻电气化铁路汇合处（一般指枢纽地区），如果不设牵引变电所，则考虑各供电臂为同相；

② 三相牵引变电所换相的联接，应考虑使重负荷供电臂作为引前相。

（2）高次谐波问题

目前，对高次谐波的影响进行了较深入的研究，并提出了一些消除高次谐波影响的方法，如有源滤波法和无源滤波法等。鉴于谐波问题的复杂性，本文的内容均不考虑谐波。

（3）功率因数

当电网中的负荷含有电抗成分（通常为感性成分）或者负荷具有非线性特性时，电压与电流就会有相位差或者电流含有谐波成分，此时电网传输能量的能力下降，功率的计算值小于电压有效值与电流有效值的乘积，于是就引入了功率因数的概念。功率因数的英文全称是 Power Factor，简称 PF。PF 是一个无量纲的小于1 的实数。

当电压与电流用有效值表示并引入功率因数时，则功率由下式来进行计算：

$$P = U \times I \times PF$$

当系统中没有谐波时，功率因数就是电压与电流相位差 φ 的余弦函数，即：$PF = \cos\varphi$。于是功率的表达式可写为：

$$P = U \times I \times \cos\varphi$$

引入了功率因数的概念以后，我们就可以利用向量的方法将电流分解为有功电流和无功电流：

$$I_{\mathrm{R}} = I \times \cos\varphi$$
$$I_{\mathrm{L}} = I \times \sin\varphi$$
$$I = \sqrt{{I_{\mathrm{R}}}^2 + {I_{\mathrm{L}}}^2}$$

式中，I_{R} 为有功电流，I_{L} 为无功电流，I 为视在电流。

同样的方法，我们可以将功率分解为有功功率和无功功率：

$$P = P_S \times \cos\varphi$$
$$P_{\mathrm{L}} = P_S \times \sin\varphi$$
$$P_{\mathrm{S}} = \sqrt{P^2 + P_{\mathrm{L}}^2}$$

式中，P 为有功功率，P_{L} 为无功功率，P_{S} 为视在功率。

有功功率代表着能量的传递，而无功功率是一种交流电网中特有的不传递能量的伴生量。

由于无功电流的存在，在传送同样能量的情况下，电流比没有无功的情况下增加，会大量增加系统的铜损，降低线路与变压器的利用率。

因此我国在《全国供用电规则》中规定：无功电力应就地补偿。用户应在提高用电自然功率因数的基础上，设计和装设无功补偿设备，并做到随负荷和电压变动及时投入或切除，防止无功电力倒送。高压供电的工业用户，功率因数应为 0.90 以上，而牵引负荷的自然功率因数仅为0.8左右。电力部门为减小功率因数对系统的影响而实行“反转正计”，牵引变电所月平均功率因数低于0.9，电力部门会收取罚款。同时功率因数低会使供电系统设备能力不能充分利用，降低了使用效率，增加了能量损耗，所以需要提高功率因数。提高功率因数的一条有效途径是装设无功补偿装置。

2. 牵引变电所的主接线

牵引变电所的主接线反映牵引变电所的主要电气设备的规格、型号、技术参数及电气上是如何连接的，高压侧有几回进线、有几台牵引变压器，有几回接触网馈线。通过牵引变电所的主接线可以了解牵引变电所的规模大小和设备情况。牵引变电所的主接线由电源侧主接线、主变压器和牵引侧主接线三部分组成。

1）电源侧主接线

牵引变电所是用户变电所，一般不接入电力网，没有穿越功率，属终端型变电所。电源侧主接线比较简单，多采用线路变压器组接线方式，两回进线间没有跨条，每回进线与一台变压器组成一组，这种接线方式适用于主变压器固定备用方式，要求两回电源均为主供回路，随时可以切换。

2）牵引侧主接线

电力系统的三相高压电源经过牵引变压器后变为27.5 kV或2×27.5 kV的单相电源，通过牵引变压器低压侧向接触网供电。目前，牵引侧主接线的接线方式有单线铁路直接供电方式馈线接线、双线铁路直接供电方式馈线接线、双线铁路自耦变压器供电方式馈线接线、动力变压器主接线，以及电容补偿装置主接线。

直接供电方式和吸流变压器-回流线供电方式的馈线为单线，断路器为单极，回流线不设断路器。单线铁路牵引变电所一般只有两回馈线，用不同相供出。每回馈线设有2台断路器，1台工作，1台备用。

高速电气化铁路多为双线，在牵引变电所内一般设有四回馈线，上、下行方向各两回，用不同相别供出。上行方向两回线设1台备用断路器；下行方向两回线设1台备用断路器。

双线铁路自耦变压器供电方式馈线有接触网（T）和正馈线（AF）2根线，断路器和隔离开关均为两极。另有中线（N）馈出，不设断路器和隔离开关。当牵引变压器牵引侧线圈中点不抽出时，在变电所内还应另设自耦变压器，一般将自耦变压器设在馈线外侧。当相邻变电所越区供电时，可作为末端的自耦变压器。双线铁路一般为四回馈线，每两回同相馈线设一台备用断路器。

动力变压器主要供给非牵引负荷用电。牵引变电所沿铁路线设置，有些地区电网薄弱，不能供给铁路非牵引负荷用电，可在牵引变电所内设置动力变压器，降压后以三相供给铁路或地方其他负荷。

电容补偿装置是为了改善功率因数及吸收部分高次谐波而设置的。

3. 牵引变压器容量的选择

牵引变压器是牵引供电系统的重要设备，其容量大小将关系到能否完成预定的运输任务和运营成本。从安全运行和经济方面来看，容量过小会使变压器长期过载，将造成变压器寿命缩短，以至烧损变压器；反之，容量过大将使变压器长期不能满载运行，损耗增加，从而造成变压器容量浪费，使运营费用增大。

由于牵引变压器的容量大、数量多，因此变压器的容量利用率就成为牵引变电所运行的重要经济指标。所谓容量利用率是指变压器的额定输出容量与额定容量之比，即

$$K=\frac{\text{额定输出容量}}{\text{额定容量}}$$

变压器的容量利用率低，不仅造成基本建设投资的浪费，还会额外增加运营成本。因为牵引用电除收取用电电度费用外，还按变压器容量收取基本电费。每 kV · A 的基本电费为 20 元（人民币）。

牵引变压器的容量由单列车取流及单个供电臂上的列车数决定。为了经济合理地选择牵引变压器容量，计算分 3 个步骤进行：

① 确定计算容量——按正常运行的计算条件求出主变压器供应牵引负荷所必需的最小容量。

② 确定校核容量——按列车紧密运行时的计算条件并充分利用牵引变压器的过负荷能力所计算的容量。

③ 安装容量——根据计算容量和校核容量，再考虑其他因素（如备用方式）等，最后按变压器实际产品的规格确定变压器的台数与容量。

计算容量主要由各供电臂的负荷来决定，各供电臂的负荷就是牵引变电所的馈线电流。牵引变电所的馈线电流由牵引计算的结果和线路通过能力及行车量等条件决定。

为了提高牵引供电的可靠性，牵引变电所一般都安装两台变压器，即所谓冗余配置。每台变压器均能承担全部负荷。正常运行时，一台工作，另一台作为检修或故障时的备用。

4. 变电所继电保护

保护装置对电力系统的正常运行非常重要。一个变电所有十多台断路器，每台断路器都要有专门的保护装置来控制。如果没有符合要求的保护装置，那么断路故障就不能迅速地切断，从而造成严重的危害。保护装置除了切断断路故障外，在设备运行状态不正常时（如变压器过负荷和过热、控制回路断线、绝缘不良）也会发出信号。运行人员发现不正常信号后，应及时采取措施消除不正常状态，保证供电系统的安全可靠运行。对保护装置的基本要求如下：

① 选择性，使该跳闸的断路器跳闸、不该跳闸的断路器不跳闸，使停电限制在最小的范围；

② 速动性，故障后迅速动作，可减小设备的损坏程度及对非故障区段的影响时间，但速动性不能影响选择性；

③ 灵活性，要求对保护范围内的故障反应灵敏，不产生拒动；

④ 可靠性，要求保护装置的元件和接线处于良好状态，该动作时均能正常动作。

在电气化铁路的牵引变电所内，一般设进线保护、牵引网保护（或称馈线保护）、变压器保护、电容器保护（设置在有电容补偿的变电所内）等。

牵引网保护目前采用的是具有平行四边形特性的阻抗保护，其原理是鉴别故障时的线

路阻抗以保证装置的选择性和灵敏性。

牵引变压器保护可以采用以下措施：

① 瓦斯保护，内部故障时，绝缘物分解而产生气体，气体上升引起油流变化，使保护装置动作；

② 差动保护，在变压器内部、套管及引出线上的多相断路时，变压器进线（原边）和出线（次边）的电流比发生变化，利用这一特性构成的保护系统称为差动保护；

③ 过流保护，用于切断变压器的外部短路故障；

④ 过负荷保护，当电流过负荷时，经过一段延时后，发出信号，引起值班人员的注意，采取措施，减轻电流负荷。

4.3 接触网

接触网是电气化铁路牵引供电系统中的主要供电设备，它的功能是向走行在铁路线上的动车组不间断地供应电能。但接触网与一般的输电线路不同，它必须架设在铁路线路的正上方，动车组利用顶部的受电弓与接触网接触而获得电能。因此，电力动车组走行的线路都必须架设接触网。

由于接触网露天设置，受各种恶劣气象条件影响，工作状态随着动车组运行而变化，而且没有备用，因而对它的要求非常严格。

4.3.1 接触网的性能要求

动车组运行时，受电弓给接触线向上的抬力，使接触线抬升，同时受到接触线向下的压力。接触线是一条长软线，受电弓是一个弹性装置，因此这种压力和抬力变化迅速。此外，列车在运行时产生具有一定压力的空气流，形成对受电弓向上或向下的附加力。几种力的作用结果使接触网产生振荡，受电弓滑板不能很好地追随接触线的轨迹，导致受电弓脱离接触线，动车组受流时通时断，造成动车组行驶时出现牵引力不稳定的状态。此外，恶劣的气象条件也会直接影响接触网的工作状态。因此，为了保证安全可靠的供电，接触网应满足以下性能要求：

① 接触悬挂应弹性均匀，高度一致，有足够的强度，保证接触网具有稳定性；

② 在恶劣的气象条件下，保证列车以规定的速度运行时能良好地受流；

③ 对接触网各导线、支持结构、零部件和绝缘子等，应当采取有效的防腐蚀和防污秽技术措施，以保持整个接触网设备的良好状态；

④ 接触悬挂的各项技术性能应满足受电弓与接触线在滑动接触摩擦时可靠工作的要求，使用寿命应尽可能延长；

⑤ 接触网的各类支持结构和零部件应力求轻巧耐用，做到标准化并具有互换性，便于施工和维修保养，发生事故时便于抢修；

⑥ 接触线和安装在接触线上的有关设备，要有良好的平滑度和耐磨性能，接触线不应有小弯及因悬挂零件等形成的硬点，以免受电弓与其发生碰撞，造成受电弓和接触线的机械损伤和电弧烧伤。

4.3.2 接触网的构成

动车组实际上是一个边受流边行驶的移动负荷。为了保证不间断地供给动车组电能，就必须使动车组的受电弓与接触网的接触线在动车组行驶时有良好的接触。为此，对接触网的结构有特殊的要求。接触网的主要组成如图 4－7（a）所示。

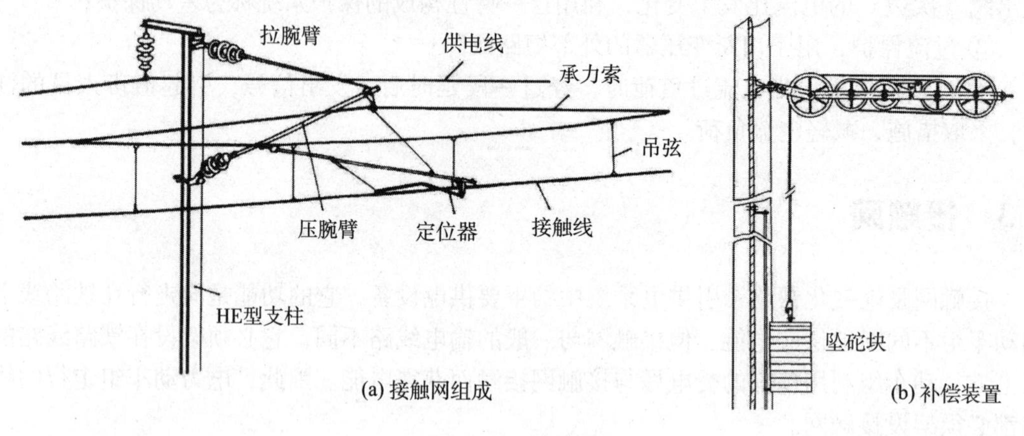

图 4－7　接触网

1. 接触悬挂

接触悬挂包括承力索、接触线、吊弦、中心锚结和补偿装置等。

承力索是接触网承载接触线，并传输电流的线材。要求承力索线胀系数应与接触线相匹配，机械强度高，耐疲劳性能好，耐温性好，导电率高。

接触线是接触网中直接与受电弓作摩擦运动传递电能的线材，它对接触网—受电弓系统的受流性能的好坏产生至关重要的作用。

吊弦的作用是把接触线悬挂在承力索上。

补偿装置如图 4－7（b）所示。

2. 支持装置

用以悬吊和支撑接触悬挂并将其载荷传递给支柱或桥隧等大型建筑物。支持装置还应将承力索、接触线固定在一定范围内，使受电弓滑行时与接触线有良好的接触。支持装置包括腕臂、水平拉杆、悬式绝缘子串、棒式绝缘子及其他建筑物的特殊支持设备。根据接触网所在的位置及作用不同，支持装置按结构可分为腕臂支持装置、软横跨、硬横跨、桥梁支持装置和隧道支持装置等。

3. 定位装置

定位装置包括定位管和定位器，功能是固定接触线的位置，使接触线在受电弓滑板运行轨迹范围内，保证接触线与受电弓不脱离，并将接触线的水平负荷传给支柱。

4. 支柱与基础

用以安装支持装置、悬吊接触悬挂，承受其载荷，并将接触悬挂固定在规定的位置和高度上。

此外，还有供电线、加强线、因供电方式不同而设置的回流线、正馈线（AF 线）、保护线（PW 线）等附加导线，以及为安全而设置的保护设备和电气设备等。

4.3.3 接触悬挂形式

接触悬挂形式是指接触网的基本结构形式，它反映了接触网的空间结构和几何尺寸。不同的悬挂形式，在工程造价、受流性能、安全性能上均有差别，对接触网的设计、施工和运营维护也有不同的要求。

接触悬挂应满足以下要求：

① 接触悬挂的弹性应尽量均匀；

② 接触线对轨面的高度应尽量相等；

③ 接触悬挂在受电弓压力及风力作用下应有良好的稳定性；

④ 接触悬挂的结构及零部件应力求轻巧、简单，做到标准化；

⑤ 要结合国情尽量节省有色金属及钢材，降低造价。

世界上发展高速铁路的主要国家（日本、德国、法国）的接触网悬挂形式是在不断改进中发展起来的，主要有三种接触悬挂形式：简单链形悬挂，弹性链形悬挂，复链形悬挂。

1. 简单链形悬挂

简单链形悬挂的结构形式如图 4－8 所示。

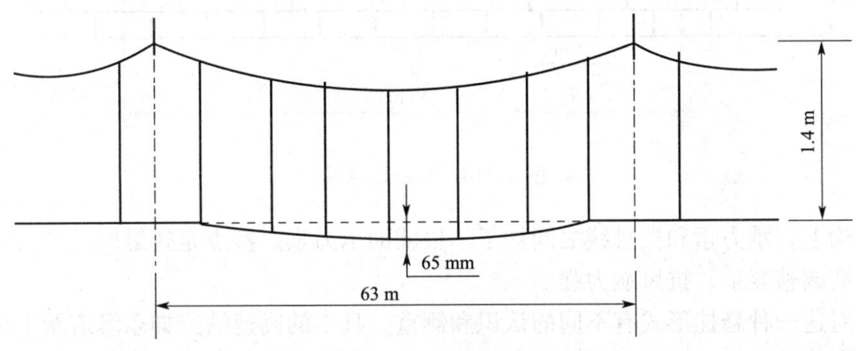

图 4－8　简单链形悬挂

优点：结构简单，安全可靠，安装、调整、维修方便，适应于高速受流。

缺点：定位点处弹性小，跨中弹性大，造成受电弓在跨中抬升量大，跨中采用预留弛度，可降低受电弓在跨中的抬升量。另外，定位点处易形成相对硬点，磨耗大，通过选择结构形式合理、性能优良的定位器，可解决这个问题。

2. 弹性链形悬挂

弹性链形悬挂的结构形式如图 4－9 所示。

在结构上，相对于简单链形悬挂，在定位点处装设弹性吊索，主要有两种形式："丌"形和"Y"形。弹性吊索的材质一般与承力索相同，其线胀系数与承力索相匹配。

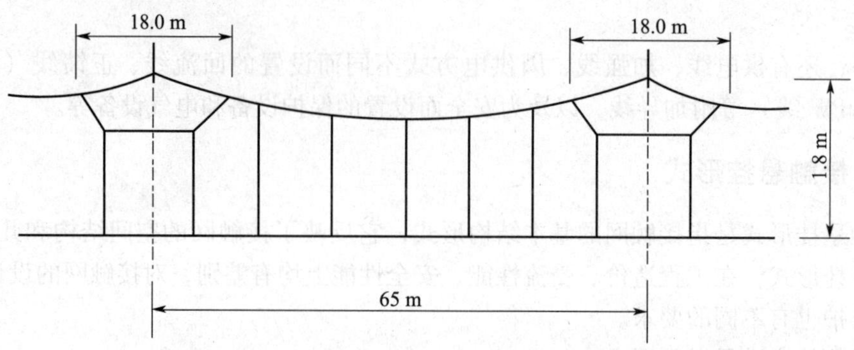

图 4-9　弹性链形悬挂

优点：结构比较简单，改善了定位点处的弹性，使得定位点处的弹性与跨中的弹性趋于一致，整个接触网弹性均匀、受流性能好。

缺点：弹性吊索调整维修比较复杂，定位点处导线抬升量大，对定位器的安装坡度要求也较严格。

3. 复链形悬挂

复链形悬挂的结构形式如图 4-10 所示。

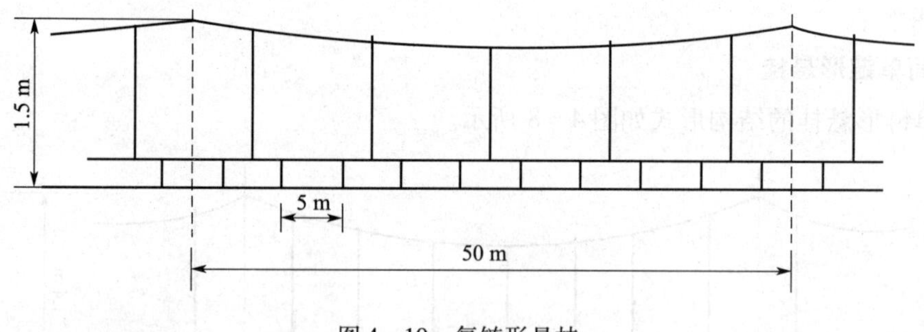

图 4-10　复链形悬挂

在结构上，承力索和接触线之间加了一根辅助承力索。特点是接触网的张力大、弹性均匀、安装调整复杂、抗风能力强。

各国对这三种悬挂形式有不同的认识和侧重。日本的高速铁路如东海道新干线、山阳新干线、东北新干线、上越新干线均采用复链形悬挂，带有弹性组合吊弦，其结构如图 4-11所示。但近几年来，日本高速铁路采用了简单链形悬挂。

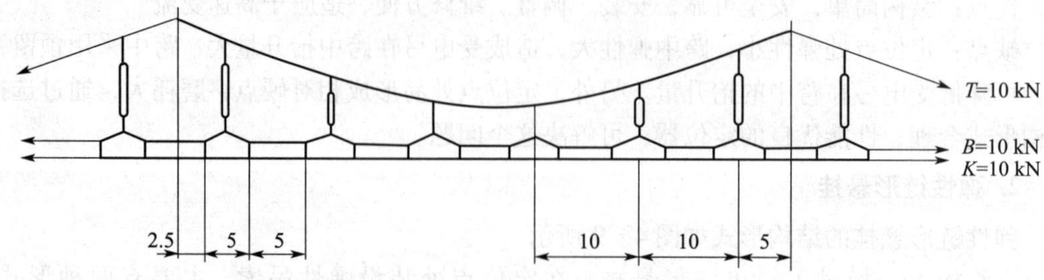

图 4-11　日本带弹性组合吊弦的复链形悬挂（单位：m）

法国巴黎－里昂的东南线采用弹性链形悬挂（见图 4－12），巴黎-勒芒/图尔的大西洋线采用接触线带预留弛度的简单链形悬挂。

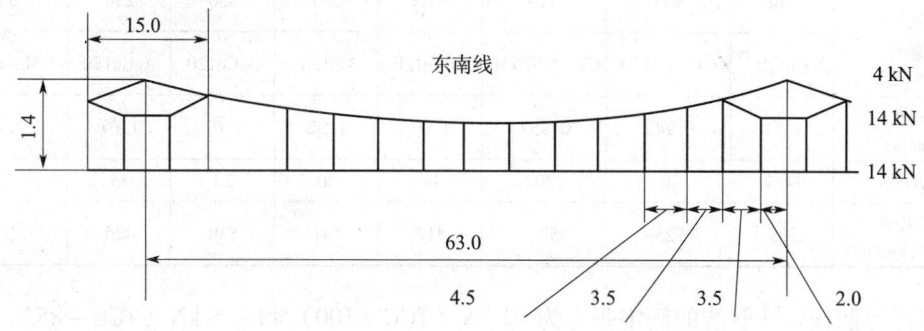

图 4－12 法国东南线接触网悬挂方式（单位：m）

德国在行车速度低于 160 km/h 的线路采用简单链形悬挂，在速度为 160 km/h 及以上的线路采用弹性链形悬挂，其结构如图 4－13 所示。

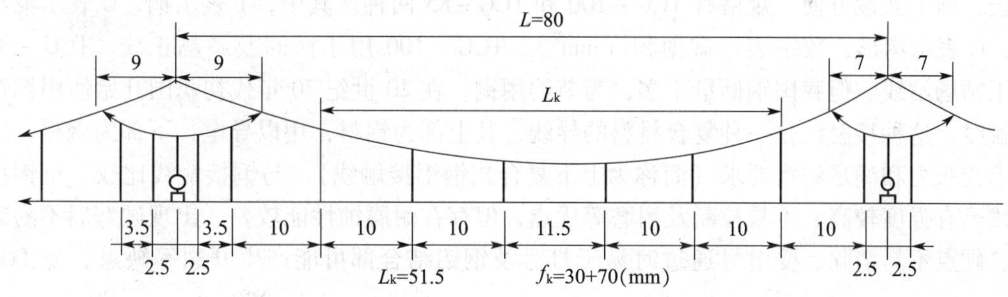

图 4－13 德国 200 km/h 高速铁路的接触网悬挂方式（单位：m）

4.3.4 接触线及承力索

1. 接触线

接触线是接触悬挂中与受电弓直接接触的部分，接触网通过它向电力机车输送电能，它是接触悬挂中最重要的导线。接触线如果发生断线等故障，将直接中断行车，会给运输生产造成重大损失。接触线与其他输电线的工作条件完全不同，接触线是在受拉的情况下与电力机车的受电弓直接接触并在滑动摩擦的状态下工作的，所以必须具有足够的机械强度、良好的电气性能和耐磨性能。根据铁路向高速方向发展的要求，接触线还应具有线密度小（波动传播速度高）和高温强度大（耐软化性能好）的特征。接触线有许多性能指标，如接触线的波动传播速度、接触线的抬升量、接触线张力、接触线的安全系数等。表 4－1 给出了不同国家高速接触网接触线的比较。

表 4-1 接触线的比较

	日本			法国			德国	
运行速度/（km/h）	240	300	300	270	300	350	250	330
接触导线类型	Cu170	CT-CS110	CT-CSD110	CdCu120	Cu150	SuCu120	AgCu120	MgCu120
线密度/（kg/m）	1.51	0.942	0.957	1.07	1.32	1.07	1.07	1.08
张力/kN	14.7	20	20	14	20	24	15	27
波动传播速度/（km/h）	355	525	520	412	441	539	426	569

我国目前规定接触线的额定张力为 10 kN（TCG-100）和 8.5 kN（TCG-85），其中考虑了锚段内可能出现的数值为 15% 额定张力的张力增量，接触线磨耗后截面积减小的影响和不小于 2.5 的安全系数。接触线中部位置有两个沟槽，用以固定吊弦线夹、定位线夹及电连接线夹等零部件。接触线下部与受电弓接触，其底面称为工作面。

我国在电气化铁路建设初期采用铜接触线，铜接触线电气性能好，耐腐蚀，使用寿命较长，施工架设方便。规格有 TCG-100 和 TCG-85 两种。其中，T 表示铜，C 表示电车线，G 表示沟形，数字表示截面积（mm^2）。TCG-100 用于区间及站场正线，TCG-85 用于站场站线。但我国铜储量不多，为节约用铜，在 20 世纪 70 年代初我国开始使用钢铝接触线。这种接触线是一种复合材料的导线，其上部为铝材，用以导电，下部为钢材，用以承受张力和满足耐磨要求（简称为上下复合式钢铝接触线）。与铜接触线比较，钢铝接触线具有强度较高、不易拉断及耐磨等优点，但存在耐腐蚀性能较差、出现硬弯后不易调直、硬点不易消除、受电弓通过时易于打弓及钢铝结合部可能产生开裂等缺点。与 TCG-100 和 TCG-85 型接触线相对应，钢铝接触线的规格为 GLCA $\frac{100}{215}$和 GLCB $\frac{80}{173}$。其中，G 表示钢，L 表示铝，C 表示电车线，A、B 表示序号，分式中的分母为钢铝接触线的截面积，分子为当量截面积（mm^2）。因为钢和铝的导电性能比铜要差，用加大钢铝接触线截面积的办法，使其达到与相应铜导线等同的导电性能，相应铜导线的截面积通常称为钢铝接触线的当量截面积。如 GLCA $\frac{100}{215}$型钢铝接触线，表示 A 型钢铝接触线，截面积为 215 mm^2，当量截面积为 100 mm^2。

进入 20 世纪 80 年代，电气化铁路开始向车流密度高、所需电流大的方向发展，于是又研制了 TCW 型连铸连轧、无焊接接头的铜电车线，规格有 TCW-110 和 TCW-85 两种。其中，T 表示铜，C 表示电车线，W 表示无焊接接头。这种大截面（110 mm^2）、大长度（连铸连轧，无接头）的铜电车线提高了抗拉强度和供电可靠性，延长了使用寿命，现已成为主型铜接触线。针对 GLC 型钢铝电车线存在的防腐蚀问题，于 20 世纪 80 年代研制了 CGLN 型内包式钢铝电车线。其中，C 表示电车线，G 表示钢，L 表示铝，N 表示内包式，称为铝包钢接触线。其特点是将承受张力易受腐蚀的钢材包在导电用的铝材内部，提高了防腐能力，延长了使用寿命，但还存在 GLC 型电车线的其他缺点。

近年来，我国正在研制新型材料的接触线，如 FGLC-260 钢芯铝复合接触线、HL4C-200 铝镁稀土合金接触线等，这将满足我国电气化铁路在新形势下发展的需要。

各类接触线的截面形式及主要技术性能详见表 4－2。

表 4－2 接触线截面形式及主要技术性能

名 称	TCG 型铜电车线		TCW 型铜电车线		GLC 型钢铝电车线（上下复合式钢铝电车线）		CGLN 型钢铝电车线（铝包钢电车线）	
截面图								
规 格	TCG－100	TCG－85	TCW－110	TCW－85	GLCA－$\frac{100}{215}$	GLCB－$\frac{80}{173}$	CGLN－250	CGLN－195
尺寸/mm	$A=11.8$ $B=12.8$	$A=10.8$ $B=11.8$	$A=12.34$ $B=12.34$	$A=11.0$ $B=11.0$	$A=16.5$ $B=19.5$	$A=16.7$ $B=13.2$	$A=18.5$ $B=18.0$	$A=16.2$ $B=16.0$
拉断力不小于/kN	35	30.6	39	30.9	40	30.1	54	39.22
20℃时直流电阻不大于（Ω/km）	0.179	0.21	0.161	0.208	0.184	0.23	0.149	0.198
单位重量/（kg/m）	0.89	0.76	0.988	0.774	0.925	0.744	0.994	0.807

2. 承力索

承力索是用来承受接触悬挂重量的金属绞线，通过吊弦悬吊接触线，接触线及有关零部件的重量均由承力索承受，并通过支持装置传给支柱及有关结构物。承力索架设后，既能减小接触线的弛度，又可通过吊弦调整接触线的高度，改善接触悬挂的弹性。承力索要有一定的机械强度。当采用 GJ－70（钢绞线截面为 70 mm^2）承力索时额定张力为15 kN，当采用 GJ－100（钢绞线截面为 100 mm^2）承力索时额定张力为 20 kN，其中考虑了 30% 腐蚀引起的强度下降，全补偿时锚段内可能出现的数值为 10% 额定张力的张力增量和钢承力索不小于 3（铜承力索不小于 2）的安全系数。承力索在必要时与接触线并联供电，共同担负传导电流的任务，此时要求承力索有较好的电气性能。

4.3.5 其他钢索

中心锚结辅助绳、弹性吊弦辅助绳、下锚补偿绳、下锚拉线、简单悬挂时的定位点吊索及软横跨上的横向承力索、上下部定位索等都采用镀锌钢绞线制成。钢绞线多采用 19 股和 7 股两种。

钢绞线易生锈腐蚀，在使用过程中应对钢绞线采取防腐蚀措施。一般规定每隔 3 ~ 4 年应对钢绞线涂防腐油脂一次，并且应在秋季进行。

防腐油脂的配方是：中性工业凡士林油脂占77%，松香占15.4%，煤油占7.6%，配制方法是先将凡士林油脂加热稀释，将松香碾成碎末状，按比例倒入煤油后搅拌均匀，经过两小时待松香溶于煤油中，再加入凡士林油脂中搅拌均匀即可使用。

进行钢绞线涂油时，应先用钢丝刷子将钢绞线上的锈垢除掉，再用毛刷子清扫干净，然后再涂防腐油脂，涂油时应使油脂完全覆盖钢索表面。雨雾天不能进行涂油工作，以免影响涂油质量，甚至带来隐患。

4.3.6 接触网补偿装置与安装曲线

接触网补偿装置是自动调节接触线和承力索张力的补偿器及其制动装置的总称。

1. 补偿器的作用

当温度变化时，线索受温度变化的影响热胀冷缩出现伸长或缩短。由于在锚段两端线索下锚处安装了补偿器，其在坠砣块重力的作用下，能够自动调整线索的张力，并保持线索弛度满足技术要求，从而使接触悬挂的稳定性与弹性得到改善，提高了接触网运营质量。

2. 补偿器的结构

补偿器由补偿滑轮、补偿绳、杵环杆、坠砣杆、坠砣块及连接零件组成。补偿滑轮分为定滑轮和动滑轮（构造相同），定滑轮改变受力方向，动滑轮除改变受力方向外还可省力和移动位置。滑轮一般都装有轴承。

补偿绳均选用 GJ－50（19 股）镀锌钢绞线制成。坠砣块一般采用混凝土或灰口铸铁制成，每块重量约重 25 kg，呈中间开口的圆饼状。坠砣杆一般为直径 16 mm 圆钢加工制成，上端有单孔焊环，底部焊有托板。坠砣杆的型号规格，根据其放置坠砣块数量的不同分为三种：17 型，20 型和 30 型。型号中的数字表示坠砣杆所悬挂坠砣的数量。

杵环杆是动滑轮与下锚绝缘子串之间的连接杆件，一般以直径 16 mm 圆钢加工制成。一端为单环孔，一端为杵头状，杵环杆的机械强度要求较高，且长度不小于 1 m。

4.3.7 中心锚结

1. 中心锚结的安设

在两端装设补偿器的接触网锚段中，必须加设中心锚结。每个锚段中心锚结安装位置应根据线路情况和线索的张力增量计算确定。一般布置原则是使中心锚结固定点两侧线索的张力尽量相等，并尽可能靠近锚段中部。

当锚段全部在直线区段或整个锚段布置在曲线半径相同的曲线区段时，该锚段中心锚结应安设在锚段的中间位置。

当锚段布置在既有直线又有曲线且曲线半径不等时，该锚段的中心锚结应设在曲线多、曲线半径小的一侧。在特殊情况下，锚段长度较短时（一般定为锚段长度小于 800 m），可不设中心锚结，视为半个锚段，可将锚段一端硬锚，另一端线索安装补偿器，此时的硬锚就相当于中心锚结。

2. 中心锚结的作用

接触网锚段安装中心锚结后，线索在中心锚结处相当于死固定方式，因此当温度变化时，锚段内线索的热胀冷缩便发生在中心锚结与两端的补偿器间，有效缩短了线索的伸缩范围。中心锚结具有以下作用：

① 锚段线索张力比较均匀，保证接触悬挂处于良好工作状态；

② 设立中心锚结后，可以缩小事故范围，即当一侧发生断线事故时不至影响中心锚结另一侧悬挂线路，有利于抢修事故和缩短事故抢修时间；

③ 可防止线索在外力作用下向一侧串动，如风力、受电弓摩擦力、因坡道和自身重力引起的串动力。

4.3.8　定位装置

1. 定位装置的作用

除了承受接触线风力、在曲线上的水平拉力和直线上的拉力外，还应使接触线定位点距受电弓中心保持一定的距离，以免接触线超出受电弓的宽度，造成脱弓和刮弓事故；应使接触线对受电弓磨耗均匀。

2. 对定位装置的要求

① 定位点处弹性良好，不许与该装置碰撞；

② 在温度变化时，定位装置不得影响接触线沿线路方向的自由伸缩；

③ 定位装置应保证接触线位置正确。

3. 定位装置的结构

定位装置由定位管、定位器、支持器、定位线夹、定位环和定位钩等组成。

定位管分普通定位管和特殊定位管两种。根据支柱位置和定位管的受力选择定位管长度和直径。定位管安装后应呈水平状态，若定位管较长时，可将其前端用铁线吊住，以保持水平。

定位器分直管定位器和弯管定位器两种，常用的直管定位器有三个型号，弯管定位器有软定位器、T 型定位器和 T 型软定位器三种类型。机车受电弓在曲线上，由于外轨超高引起受电弓向曲线内侧倾斜，为避免发生定位器打弓，定位器安装时其根部应抬高，使定位器呈 1/5 ~ 1/10 的倾斜度。

支持器适用于定位装置中固定定位线夹。定位线夹与定位器或支持器相连，在悬挂点处固定接触线。定位环适用于在斜腕臂及定位管中连接定位器或连接其他带钩头型零件。定位钩焊接在普通定位管尾部，用于连接定位器和定位环配套使用。

4.4　高速受电弓

4.4.1　影响高速受电的因素

目前世界各国的最高运行速度在 200 km/h 以上的高速列车，除英国的 HST 高速列车由内燃动车组牵引外，其余均采用电力牵引。与常速受电相比较，影响高速受电的因素如下：

① 接触网与受电弓的波动特性。高速列车受电弓沿接触线移动的速度大大加快，使

接触网与受电弓的波动特性发生变化，从而对受电产生影响。

② 空气动态力。

③ 接触网和受电弓之间的大功率受电和严重的电磨损问题。

高速列车的牵引功率比常速列车大得多，若采用多弓受电会增加阻力，加大噪声，并引起接触网的波动干扰，因而受电弓的数量不能太多，这就需要在接触线和受电弓之间的接触点上使用大电流。

在列车静止和启动过程中，如果超过允许电流和允许温度，会使接触线的强度下降，磨损增加，甚至局部熔化，出现裂纹。在列车高速运行时，出现接触滑板上的电流分布不均匀和电流集中在后滑板的边缘上两种现象，对滑板寿命造成损害。

4.4.2 对高速受电的要求

1. 对高速接触网的要求

① 在最高运行速度和更大的速度变化范围内应能保证正常供电。

② 应有更高的耐磨性和抗腐蚀（包括抗电蚀）能力。

③ 对接触网的结构和布置应有更高的要求。

④ 在常速列车供电中采用的弹性半补偿链形悬挂和弹性全补偿链形悬挂已不能适应高速列车的要求，应有更为先进的接触悬挂装置。

2. 对高速动车组受电弓的要求

① 高速受电弓的滑板与接触线之间要保持恒定的接触压力，以实现比常速受电弓更为可靠的连续电接触。其接触压力不能过大或过小。

② 列车运行中，受电弓将随着接触线高度变化而上下运动。在高速条件下，这种运动更为频繁，从而直接影响滑板与接触线之间接触压力的恒定。接触压力除与接触网结构、性能有关外，还与受电弓的静态特性（静止状态下接触压力与受电弓高度的关系）和动态特性（运行状态下受电弓上下运动的惯性力）有关。对于高速受电弓，除保证机械强度和刚度外，应尽可能降低受电弓运动部分的重量，从而减小运动惯性力。这样才能使受电弓滑板迅速跟上接触线高度的变化，保证良好的电接触。

③ 高速受电弓在结构设计上要充分考虑高速运行的空气阻力，力求使作用在滑板上的空气阻力由别的零件承担，使受电弓滑板在其垂直工作范围内始终保持水平位置，以减小甚至消除空气阻力对滑板与接触线间接触压力的影响。

④ 高速受电弓滑板的材料、形状和尺寸应适应高速的要求，以保证良好的接触状态及更高的耐磨性能。滑板的材质不同，摩擦系数不同。总体来说，金属含量较大的复合材料的磨损率会随电流的增大而增加。对于纯碳质滑板，由于电流的润滑作用，电流强度增加时摩擦系数降低，从而使路网导线和滑板磨损率减小。

⑤ 高速受电弓在其工作高度范围内升降弓时，初始动作要迅速，终了动作应较为缓慢，以确保受电弓在升弓时与接触网有可靠的电接触，在降弓时快速断弧，并防止升降弓时受电弓对接触网和底架有过大的冲击载荷。

4.4.3　接触网-受电弓系统的受流质量评价

接触网-受电弓系统的受流（简称弓网受流）质量与接触网和受电弓的匹配性能有很大关系，单方面评价接触网或受电弓的性能都是不全面的，在某种程度上是没有意义的。用一种性能差的受电弓来匹配再好的接触网，其受流性能也不可能好。在评价弓网受流质量方面，我国还没有一个通行评价标准。参考国外的经验和近几年来我国提速和高速试验的结果，评价弓网受流质量可以从以下几个方面进行。

1. 弓网间动态接触压力

弓网间的动态接触压力直接反映了受电弓弓头与接触线的接触状态，其大小由受电弓的静态抬升力、空气动力及垂直方向上的质量惯性力等因素决定。当接触压力过大时，会使弓网磨耗加剧，引起弓网位移增加，在定位器和线岔处可能造成受电弓损坏。接触力过小，会造成离线，产生电弧。动态接触压力主要从接触压力的最大值、最小值及标准偏差这几个方面来评价。

2. 接触线最大垂直振幅

接触线最大垂直振幅指受电弓滑板在一个跨距内的振动幅度，即上下振动的范围。一般用 2 倍振幅 $2A$ 来表示。它反映了受电弓弓头垂直方向的振动情况，2 倍振幅受接触网的安装尺寸影响，2 倍振幅越小，受电弓运动轨迹越平滑，受流质量就越好。

3. 接触线的抬升量

接触线的抬升量是指受电弓经过时，接触线的最大抬升量，用 ΔH 表示。受流系统中，受电弓和接触线的运动幅度越小，受流质量越好。一个好的受流系统，受电弓的振幅应均匀。

4. 离线

高速列车运行时，当受电弓与接触网失去接触时就发生了离线。评价弓网离线参数有以下两个方面：

① 每一次离线的最大离线时间小于 100 ms；

② 离线率，用运行时间内各次离线时间总和与运行时间的比率来表示。我国规定高速线路的离线率应小于 5%。

5. 硬点

评定高速列车运行时接触线对受电弓滑板的冲击主要指标是受电弓滑板受到的垂直方向和线路方向上加速度的最大值。通常根据高速列车受电弓使用的滑板类型来确定硬点的评价标准。

6. 接触网的静态弹性差异系数

差异系数用跨距内最大弹性与最小弹性之差与跨距内最大弹性与最小弹性之和的比率来表示。评价标准如下：

① 简单链形悬挂不大于 30%；

② 弹性链形悬挂不大于 10%；

③ 复链形悬挂不大于10%。

7. 接触线弯曲应力

弯曲应力的允许值为500微应变。

4.4.4 各国高速受电弓简介

1. 日本新干线列车受电弓

日本新干线列车基本上采用的是PS200系列受电弓。该系列受电弓与既有线所采用的受电弓区别较大。纵向（顺线路方向）的框架折叠尺寸为850 mm，而既有线的受电弓纵向（顺线路方向）的框架折叠尺寸（如PS16型、PS22型、PS101型受电弓）为2 900 mm。弓头结构也与既有线的受电弓有所不同，结构简单，重量轻，可满足200km/h以上的受流需要。在500系列车上采用了翼形弓，700系列车上采用了单臂T形弓，进一步减少了空气阻力。下面将分别介绍日本新干线所采用的各系列受电弓。

1）PS200A型受电弓

PS200A型受电弓用于0系电动车组，如图4-14所示。该受电弓为双臂菱形、下臂交叉式受电弓，采用弹簧上升、空气下降的操作方式。上、下框架采用异型钢管焊接，双向作用阻尼器，单弓头。受电弓作用范围为800 mm，追踪范围为500 mm，弓头归算质量为0.639N·s^2/m，框架归算质量为0.917N·s^2/m。接触压力为（54+15）N，铜基粉末冶金滑板。受电弓基座加盖整流罩。弓头当量重量约为7~10 kg。

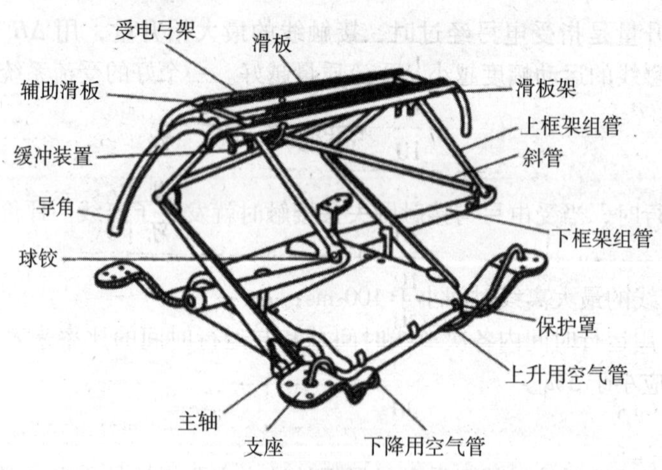

图4-14　PS200A型受电弓

2）PS201型受电弓

PS201型受电弓用于200系电动车组，如图4-15所示。该受电弓为双臂菱形、下臂交叉式受电弓，采用弹簧上升、空气下降的操作方式。上、下框架采用异型钢管焊接，单向作用阻尼器，单弓头。受电弓作用范围为800 mm，追踪范围为500 mm，弓头归算质量为1.0 N·s^2/m，框架归算质量为1.019 N·s^2/m，接触压力为（54+15）N，铜基粉末冶金滑板。受电弓基座加盖整流罩。

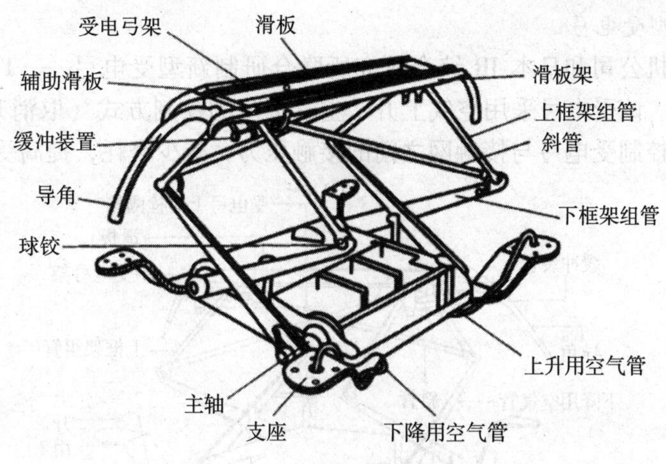

图4-15 PS201型受电弓

3）PS202型受电弓

PS202型受电弓用于100系电动车组，如图4-16所示。该受电弓为双臂菱形、下臂交叉式受电弓，采用弹簧上升、空气下降的操作方式。上、下框架采用异型钢管焊接，单向作用阻尼器，单弓头，两滑板相互独立支撑。受电弓作用范围为800 mm，追踪范围为500 mm，弓头归算质量为0.968 N·s²/m，框架归算质量为0.917 N·s²/m，接触压力为（54+15）N，铜基粉末冶金滑板。受电弓基座加盖整流罩。

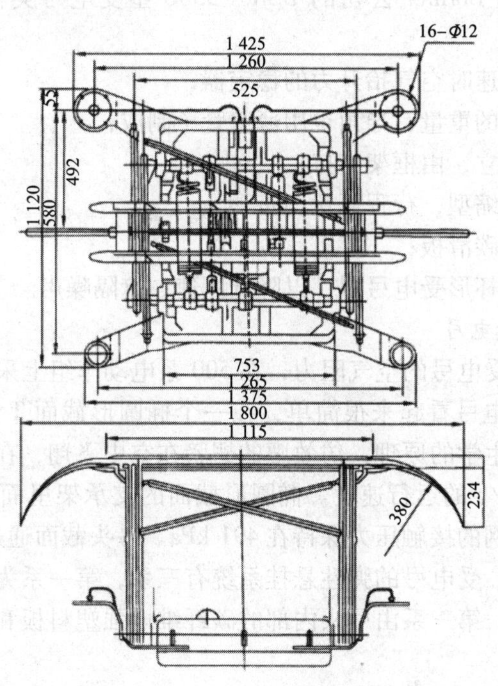

图4-16 PS202型受电弓（单位：mm）

4）TPS203 型受电弓

日本东洋电机公司和日本 JR 综合研究所联合研制新型受电弓——TPS203 型受电弓，如图 4－17 所示。该受电弓采用空气上升、空气下降的控制方式（取消升弓弹簧），在受流的过程中自动控制受电弓与接触网之间的接触压力，减少磨耗，提高受流质量。

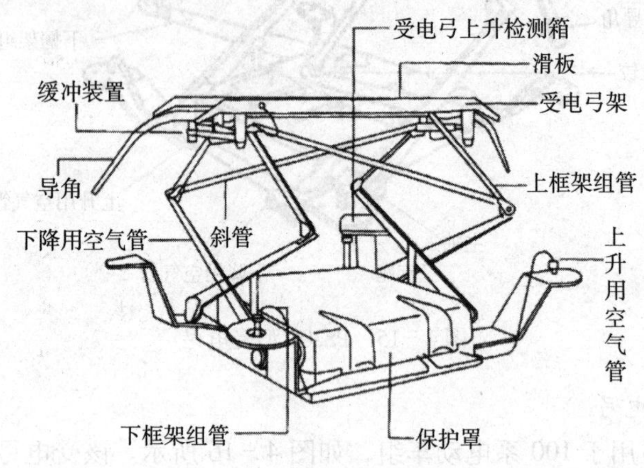

图 4－17 TPS203 型受电弓

该受电弓用于 300 系电动车组，与法国 Faiveley 公司新式的 GPU 型单层受电弓（该受电弓曾于 1990 年 5 月 18 日在法国大西洋 TGV 线创造了 515.3 km/h 的世界纪录）和德国高速铁路采用的德国 Dornier 公司的 DSA－350S 型受电弓类似。该受电弓具有以下特点：

① 备有用于控制高速时空气抬升力的稳定器；

② 尽可能减小滑板的重量，导角也用薄壁管子制成；

③ 两个滑板互相独立，由框架支持；

④ 滑板的支撑为伸缩型，行程可达 5cm 以上；

⑤ 滑板采用浸金属碳滑板；

⑥ 受电弓周围加装杯形受电弓罩，以降低风速，遮隔噪声。

5）新型翼形弓头受电弓

为了更进一步减少受电弓的空气阻力，在 500 系电动车组上采用了一种新型的翼形弓头 T 型受电弓。这种受电弓看起来很简单，在一个椭圆形截面 T 形支架上支承一个翼形的弓头，但它是根据仿生学的原理，仿效鹰的翅膀在空中飞翔，在受流性能方面取得了很好的效果，适应 300 km/h 的运行速度。椭圆形截面的支承架里面有气缸，采用电子装置控制，保证弓头与接触网的接触压力保持在 491 kPa。弓头截面通过风洞试验与走行试验，选定了扁平椭圆形断面。受电弓的弹性悬挂系统有三系，第一系为气缸减振，第二系由弓头下面的螺旋弹簧产生，第三系由弓头内部的碳纤维增强塑料板和螺旋弹簧构成。这种受电弓降噪效果很好。

在 700 系电动车组上，开发了另一种形式的翼形弓头 V 式受电弓，它是一种单臂受电弓，为了更有效地减轻噪声，受电弓和接触线间的压力更低，保证了平稳受流，而且受电弓罩做成酒杯形截面的整体式结构，保证了受电弓周围的气流平稳。采用这种受电弓使

700 系列车进一步减少了空气阻力和气动噪声。

2. 法国高速受电弓

1）法国高速受电弓的发展

法国公司（SNCF）采用的受电弓均为法国法维莱（Faiveley）公司的产品，早在 1955 年法铁采用法维莱公司的五角形受电弓装在 BB9004/CC7107 电力机车上，创造了 331 km/h 的当时世界最高速度纪录。

法国东南线 TGV - PSE 型高速动车组上采用了法维莱公司的 AMDE 型受电弓，于 1981 年 2 月 26 日创造了 380 km/h 的当时世界纪录。当大西洋线建成后，法维莱公司的新产品 GPU 型受电弓安装在 TGV - A 型高速动车组上，于 1989 年创造了482. 4 km/h的当时世界纪录。1990 年 5 月 18 日又创造了 515. 3 km/h 的世界纪录。

1990 年法维莱公司又研制开发了 CX 型新型高速受电弓，首先安装在大西洋线的 TGV - A型高速动车组上，取得了较好的效果。其后又安装在 TGV - 2N 型、TGV - PBKA 型高速动车组上，运行在北方线、东南线及东南延伸线，受流性能良好，最高运行速度可达 350 km/h。

2）AMDE 型受电弓

AMDE 型受电弓的结构如图 4 - 18 所示，为双层小开度型受电弓（也称为子母弓），这是一种两级式 Z 形受电弓，接触网的高低变化由下部受电弓跟踪，接触线震动由上部受电弓跟踪，接触压力为 70 ~ 80 N，采用碳滑板，归算质量为 $90\text{N} \cdot \text{s}^2/\text{m}$。AMDE 型受电弓安装在 110 列 TGV - PSE 型高速动车组上，在 270 km/h 运行速度下由一个弓头受流，受流性能尚好。但随着运行速度的进一步提高，由于 MADE 型受电弓的抬升力过大，动态抬升力为 180 N，容易使接触线抬升超限。在其应用了 8 年后，法国法维莱公司又研制了新型单臂 GPU 型受电弓，在 TGV - A 型动车组上采用。

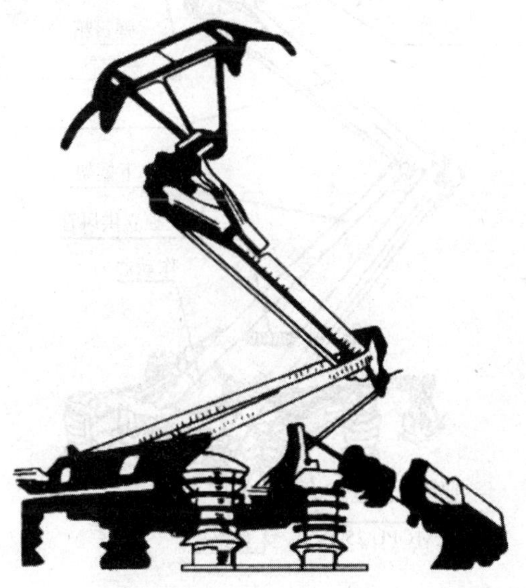

图 4 - 18　AMDE 型受电弓

3）GPU 型受电弓

GPU 型受电弓为单层 Z 形受电弓，其结构如图 4－19 所示。这种形式的受电弓是法国第二代高速受电弓，可用于 DC 1 500 V 及 25 kV/50 Hz 两种供电制式的接触网，最大受流可达 2 000 A，最高运行速度达 300 km/h，整套装置的重量比 AMDE 型受电弓轻 100 kg。

它的主要特点是弓头支撑于一个大的弹簧圆筒上，这可以保证受电弓在受流时有更良好的空气动力学特性，结构简单，易于维修。另外，在弓头上还装备了一个故障探测机构，当滑板磨损或断裂时，可以自动检测并降弓保护。弓头与空气支撑系统是隔离的，这也使受电弓有较高的安全可靠性。

GPU 型受电弓弓头动态质量降低到 8 kg，中央弹簧滑筒的抬升行程为 150 mm，并且圆形外形具有良好的空气动力学性能。受电弓对接触网的各种振动模式及周围空气流的变化均有良好的适应性。

GPU 型受电弓能适应各种接触网结构形式，可安装在车顶各种位置，也可安装用于双向运行，速度范围宽，可以单弓或多弓受流，可以使用碳滑板或钢滑板。

在强风袭击时，受电弓有防护装置保护接触线。一根与 25 kV 供电线绝缘的压缩空气管通过安全装置能为弓头提供压缩空气，起保护作用。

GPU 型受电弓在 1991 年 12 月～1992 年 1 月在西班牙马德里－塞维列亚高速线上进行线路试验，300 km/h 速度下与接触线的接触压力为 120 N，这个抬升力在高速情况下空气动力学性能是良好的，受流性能也是良好的，离线率在规定范围内。

GPU 型受电弓在法国 TGV－A 型（大西洋线）、意大利 ETR－500 型、西班牙 AVE 型高速动车组上均得到良好的应用。

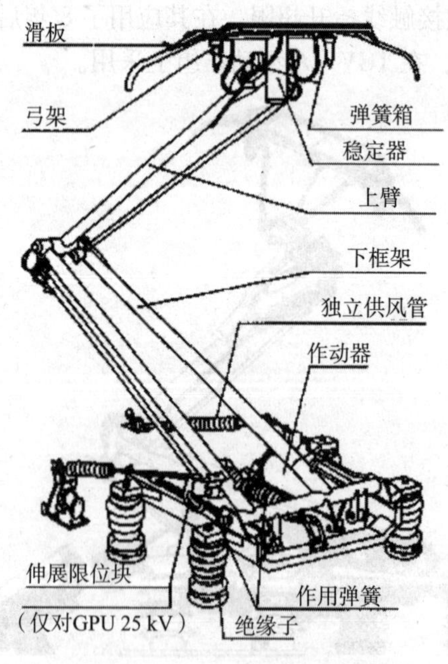

图 4－19　GPU 型受电弓

4）CX 型受电弓

为了在更高速度下（大于350 km/h）运行时，受电弓具有更好的跟随性、空气动力学特性及受流性能，法国法维莱公司于1990 年开始，开发研制了第三代高速受电弓——CX 型受电弓，其结构见图 4－20。

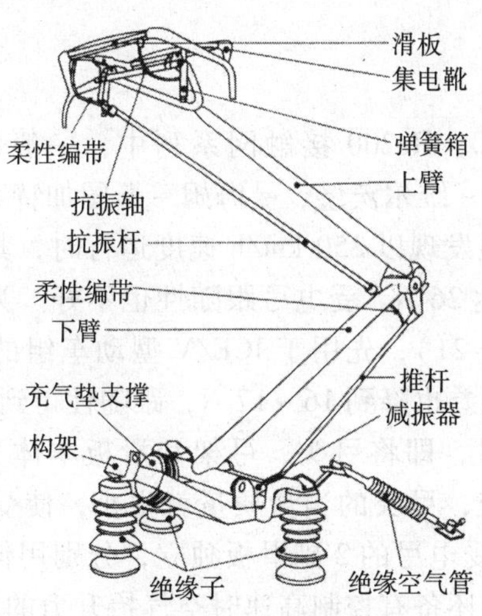

图 4－20 CX 型受电弓

CX 型受电弓采用了两种新技术：一是在一定速度范围内对接触压力进行改善的多级控制技术，二是采用电子控制和空气伺服阀的前馈控制技术。

CX 型受电弓仍属单臂 Z 型受电弓，其伸高范围可达 2.6 m，整套装置的重量（包括空气驱动系统，不包括绝缘子）仅为 100 kg，其结构特点为上、下臂均为单管结构，用一只可膨胀的气垫支撑装置代替空气驱动器以发挥平衡功能。CX 型受电弓所采用的新技术有：可充气的气垫支撑装置，高精度的空气调节装置，应用合成材料减轻重量 30%～40%。通过仿真计算及风洞试验、线路试验，证明这种类型的受电弓具有优良的空气动力学性能，在高速时抬升力很小，根据选择的位置可任意调节弓头接触压力。

由于 CX 型受电弓的轻量化、简易化、接触压力可控化，使其具有非常高的可靠性，并降低了维修成本。它能在多种供电制式下（DC 1.5 kV，DC 3 kV，AC 15 kV，AC 25 kV 等）在高速列车上应用。

CX 型受电弓的技术特性还包括：

① 在 DC 1.5 kV 供电制式下最大受流能力为 2 500 A；受流能力还与接触线的数量及滑板磨耗限度有关。

② 采用空气压力为 500～1 000 kPa；可以调节与接触线的接触压力；调节压力的时间小于 10 s；能调节降弓时间，升弓及降弓速度均可控制。

③ 有一个凸轮缆索系统与可充气的气垫支撑装置匹配作用。柔性的金属编织带、密封润滑轴承用于提高滑板的寿命。

④ 三支点制成受电弓。

⑤ 弓架最大的平衡力为 280 N（包括静态力及弓架重量），受电弓降弓时的最大高度为 345 mm。

⑥ 在遇到严重故障（如滑板磨耗到限、弓角或弓头掉落）时，能自动降弓。在高的空气动力干扰条件下能防止任何受电弓抬升力过高事故的发生，缩紧机构能够发挥作用。

3. 德国高速受电弓

1）DSA350 型受电弓

德国既有线路的 Re160、Re200 接触网系列中，一般均使用道尼尔公司生产的 SBS65 型受电弓。在汉诺威－维尔茨堡、曼海姆－斯图加特 2 条高速线路上，一开始也拟采用 SBS65 型受电弓，但发现以 250 km/h 速度运行时，其受电弓动态接触力的标准偏差已超过极限值 24 N，达 26 N。受电弓跟随性也不好。为此，道尼尔公司新研制了 DSA350 型受电弓（见图 4－21），先用于 ICE/V 型动车组的动力车上。其弓头当量质量降低，其接触力的标准偏差也降到 16～17 N，跟随性得到改善，更主要的是 DSA350 型受电弓属于三元型受电弓，即将弓头、弓架和滑板本体分开，其间装有支持弹簧，使滑板有三系弹簧减振系统，弓头的当量质量就很小，使受电弓在更高速度下具有更良好的跟随性。DSA350 型受电弓的 2 副滑板独立，分别用伸缩型的弹簧框架支持，行程可达 50 mm，该型受电弓还备有控制高速时空气抬升力的稳定器（导流板），并尽可能减轻滑板质量，导角也用薄壁管做成，滑板采用碳滑板，质量较轻。由于采用上述措施，系统地协调各个结构部件及空气动力关系，达到了降低接触力的标准偏差的目标。

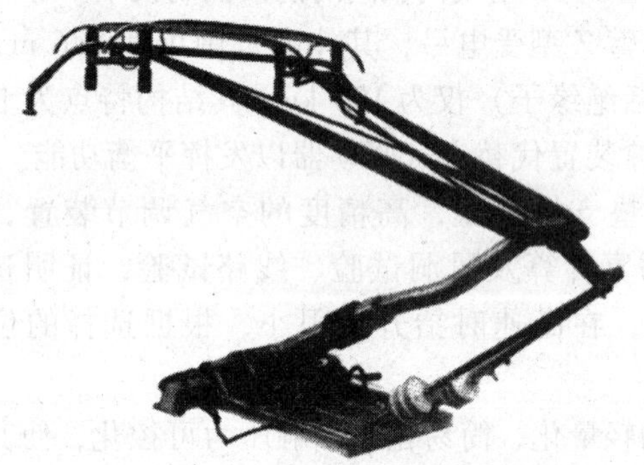

图 4－21 DSA350 型受电弓

根据 ICE1 型动车组的动力车技术任务书要求，道尼尔公司又对 DSA350 型受电弓进行了改进，这种改进的受电弓底架不采用原来的集成式支持绝缘子结构，而用一般支持绝缘子，改进了下臂杆、底架和滑板的监测，设计了新的滑板（可在欧洲多电流制线路上应用）及集成弓角。整个受电弓重量从 140 kg 减轻到 109 kg。

改进后的 DSA350 型受电弓的主要技术参数如下：

最高速度　　350 km/h

受流能力　　15 kV、16 $\frac{2}{3}$Hz 时为 800 A

短路强度	2 个半波以上均为 34 kA
工作范围（在顶板以上）	1 300 ~ 2 650 mm
接触线接触力	静压力和空气动作用力在 50 ~ 130 N 之间调节，在不同速度下，可调整不同方向，具有足够稳定性
重量	90 kg
弓头	铝制矩形截面托架，碳滑板受流
驱动	气动升弓，有阻尼地落弓
运行中的结构高度	285 mm

2）DSA350SEK 型受电弓

为了在更高速度下，使受电弓具有更高的跟随性，接触力的标准偏差更小，德国铁路（DB）与道尼尔公司开始研制更先进的受电弓，它的目标是能在 Re250 接触网系统中以 300 km/h 以上速度运行，或在既有线 Re200、Re160 系列接触网系统中以 220 km/h 速度运行，除了能达到传统要求的低磨耗、运用可靠、低成本、能以现有的设备和经验维修等优点外，更主要的是接触力标准偏差要尽可能小。

从受电弓的动力性能优化着手，应达到最小的弓头当量质量、最低的弓头阻尼，而且弓头的刚性应低于弓架，在 Re250 接触网系统中能以 350 km/h 速度运行。受电弓的空气动力学性能优化集中于：①在受电弓下降与上升时，均应有很低的气动阻力；②在不同空气流动方向上有恒定的气动性能，气流扰动小，与接触网的接触压力应小于 120 N，不发生共振。

最后开发成功的 DSA350SEK 型受电弓如图 4－22 所示。其中，S 表示批量生产结构，E 表示弹性弓架，K 表示优化了受电弓的动力性能。DSA350SEK 型受电弓滑板下面用斜放的拉力弹簧代替垂向作用螺旋弹簧，使弓架能够不断地自动绕顶管定中心，横向定中心采用附加的横向弹簧。这种弓架悬挂的主要优点是弓架在各个面上都有弹性，两个滑板能平滑地压在接触线上，每个滑板走行公里数达 12 万 ~ 14 万 km。在滑板中有 1 条管道，由传动气缸供给高压空气，滑板损坏时高压空气泄漏，降弓阀排风，在不到 1 s 时间内完全下降受电弓。为防止滑板出现不危及安全的裂纹时降弓，规定了自动降弓装置的动作灵敏度。自动降弓装置动作后，动力车主断路器与压力开关立即断开，避免降弓时电弧损坏接触线和受电弓。

图 4－22　DSA350SEK 型受电弓

DSA350SEK 型受电弓的主要技术参数如下：

设计速度	350 km/h
受流能力	25 kV/1 000 A
接触线接触力	在 50 ~ 140 N 之间调节
驱动	高压空气升弓，有阻尼地落弓
高压空气压强	$2\times10^5 \sim 10\times10^5$ Pa
额定风压	在 70N 接触压力时为 3.46×10^5 Pa
弓头	铝滑板托架，碳滑板
弓架弹性挠度	60 mm
质量	106 kg
弓头当量质量	5. 9 kg

第 5 章　国产动车组技术

5.1　概　述

5.1.1　动车组的运用条件及主要技术参数

我国发展的动车组为 200 km/h 速度级的动力分散交流传动电动车组。该动车组应能适应在中国铁路既有线上运营，并在中国铁路既有线指定区段及新建的客运专线上以 200 km/h 速度级正常运行。动车组的运用条件及性能要求如下。

1. 动车组的运用条件

1）自然环境

- 气温条件：　－25℃ ~ +40℃
- 部分动车组适应：　－40℃ ~ +40℃
- 相对湿度：　≤95%（该月月平均最低温度为 25℃）
- 海拔高度：　≤1 500 m
- 最大风速：　一般年份 15 m/s；偶有 30 m/s
- 天气：有风、沙、雨、雪天气，偶有盐雾、酸雨、沙尘暴等现象

2）关于 200 km/h 速度等级线路区段的线路参数

- 坡道

  区间最大坡度：　12‰，困难条件下 20‰

  站段联络线坡度：　不大于 30‰
- 最小曲线半径：　2 200 m
- 缓和曲线：为三次抛物线线型，缓和曲线超高顺坡率为 1/（10 v_{max}），困难条件下为 1/（8v_{max}）。
- 夹直线与圆曲线最小长度：新建或改建地段夹直线及圆曲线最小长度为 0.7v_{max}，困难条件下为 0.5v_{max}，既有线保留地段困难条件下为 0.4v_{max}，并取整为 10 m 的整数倍。
- 线间距：　4.2 m
- 到发线有效长度：　650 m，困难条件下 520 m
- 轨距：　1 435 mm
- 最大超高：　150 mm
- 最大欠超高允许值：　110 mm

- 道岔

  区间道岔直向通过速度：200 km/h

  进出站为18号可动心轨道岔（导曲线半径为1 200 m，侧向通过限速80 km/h）或12号可动心轨提速道岔（侧向通过限速50 km/h）
- 竖曲线半径：　15 000 m
- 车站站台高度：　500～1 200 mm
- 车站站台边缘距轨道中心线的距离：1 750 mm
- 线路不平顺管理标准：见表5-1
- 正线数目：　双线
- 轨底坡：　1/40

表5-1　200 km/h速度级线路区段轨道不平顺动态管理标准（半峰值）

线　别	等　级	高低/mm	轨向/mm	水平/mm	三角坑/mm（2.4 m基长）	轨距/mm	车体振动加速度	
							垂直/g	水平/g
200 km/h速度级线路区段	作业验收	4	4	4	4	+4，-2	0.10	0.06
	经常保养（1级）	6	5	6	5	+5，-3	0.10	0.06
	舒适度（2级）	8	7	8	6	+6，-4	0.15	0.10
	紧急补修（3级）	11	8	10	8	+8，-6	0.20	0.15
	限速（4级）	14	10	13	10	+12，-8	0.225	0.175

说明：①表中不平顺各种偏差限值为实际幅值的半峰值；
②水平限值不含曲线上按规定设置的超高值及超高顺坡量；
③三角坑限值包含缓和曲线超高顺坡造成的扭曲量，基长2.4 m。

3）既有线线路及其他有关参数

- 线路不平顺管理标准：见表5-2
- 坡道：　≤30‰
- 轨底坡：　1/40
- 辙叉心作用面至护轮轨头部外侧的距离：　$1\,394^{+0}_{-3}$ mm
- 辙叉翼轨作用面至护轮轨头部外侧的距离：　$1\,348^{+3}_{-0}$ mm
- 操纵控制方式：动车组两端均可操纵控制
- 列车立折时间：　<16 min
- 当采用两短编组组成列车时的联挂时间：　≤3 min
- 运输组织模式：客货混运、适合与既有线列车混运
- 动车组不通过驼峰，不与货物列车混编
- 救援列车（或救援机车）采用自动空气制动机和中国标准15号自动车钩

表5-2 既有线轨道不平顺动态管理标准（半峰值）

线别	等级	高低/mm	轨向/mm	水平/mm	三角坑/mm（2.4 m基长）	轨距/mm	车体振动加速度	
							垂直/g	水平/g
广深线（140～160 km/h）	经常保养（1级）	6	5	6	5	+6，-4	0.10	0.06
	舒适度（2级）	8	7	8	7	+8，-6	0.15	0.10
	紧急补修（3级）	12	10	10	10	+12，-8	0.20	0.15
既有线提速（120～160 km/h）	经常保养（1级）	6	5	6	5	+6，-4	0.10	0.06
	舒适度（2级）	10	8	10	8	+10，-7	0.15	0.10
	紧急补修（3级）	15	12	14	12	+15，-8	0.20	0.15

说明：①表中不平顺各种偏差限值为实际幅值的半峰值；
②水平限值不含曲线上按规定设置的超高值及超高顺坡量；
③三角坑限值包含缓和曲线超高顺坡造成的扭曲量，基长2.4 m。

4）供电系统

- 供电制式：单相AC 25 kV，50 Hz
- 电网供电品质：最高网压 31 kV
  最低网压 17.5 kV
  其余符合“铁路干线电力牵引交流电压标准”（GB1402）
- 线路设点式信号设施为列车提供过分相位置信号
- 接触网悬挂方式采用全补偿简单链型悬挂和全补偿弹性链型悬挂两种
- 接触线张力：15～25 kN
- 接触网结构高度：1.1～1.8m
- 接触线高度：5 300～6 500 mm
- 接触线高度变化：一般小于3‰
- 接触网跨距：一般为60 m，最大跨距不大于65 m
- 接触线：采用铜接触线或铜合金接触线
- 接触网的最大拉出值：按400 mm考虑

5）限界

符合GB146.1的电力机车限界和“客运专线机车车辆限界暂行规定”的限界。

6）供水设施

- 相距距离：600～1 000 km
- 上水嘴型式：符合TB/T112—1974“客车用注水口（A、B型）型式与尺寸”
- 供水质量：非直接饮用水

7）排污设施

- 相距距离：600～1 000 km
- 排污嘴型式：符合UIC563有关规定的通用2.5″快速接头

2. 动车组的主要技术参数

① 车种：座车、餐车或座车与餐车的合造车。

② 牵引方式：动车组采用电力牵引交流传动方式，前后两端设有司机室。列车正常运行时，由前端司机室操纵。

③ 定员：长编组　　约 1 200 人；
　　　　短编组　　约 600 人。

④ 轴重：动车≤17 t，拖车≤16 t。

⑤ 平直道上紧急制动时的制动距离或减速度应满足列车追踪间隔要求，其中制动距离按下述指标执行：

- 制动初速 200 km/h 时≤2 000 m；
- 制动初速 160 km/h 时≤1 400 m。

⑥ 运营速度：200 km/h。

⑦ 最高试验速度：250 km/h。

⑧ 两端过渡车钩中心高度：880^{+10}_{-5} mm。

⑨ 通过最小曲线半径：联挂运行时：145 m；
　　　　　　　　　　单车调车时：100 m。

⑩ 运行时受流方式：尽可能采用单弓受流、其他备用，如需采用双弓受流时，两弓之间距离不得影响动车组正常运用。

⑪ 车体宽度：约 3 300 mm。

⑫ 车体长度：约 25 000 mm。

⑬ 车顶距轨面高度：约 4 000 mm。

⑭ 车体地板面距轨面高度：约 1 250 mm。

⑮ 牵引功率 >5% 的额定功率时，网侧总功率因数（λ）：≥0.98。

⑯ 等效干扰电流（一个基本动力单元）：<1.5 A。

⑰ 主变压器原边电流畸变率（THD）：<5%。

⑱ 牵引传动系统效率（额定工况）：≥0.85。

5.1.2　动车组编号

1. 动车组的型号与列车编号

1）动车组的型号和列车编号构成

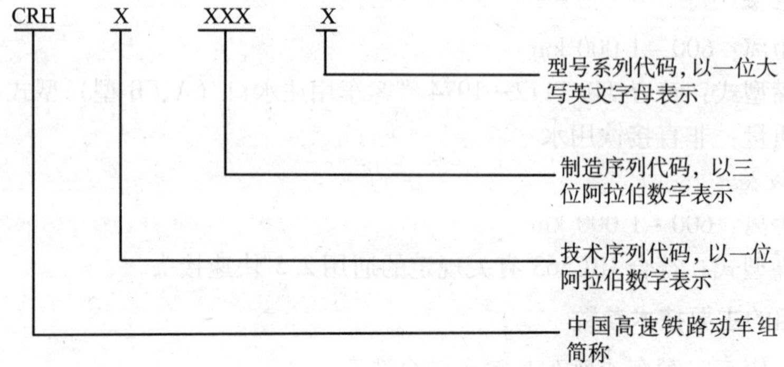

2）各型动车组技术序列代码

青岛四方-庞巴迪-鲍尔铁路运输设备有限公司（BSP）生产的动车组定为“1”，四方机车车辆股份有限公司生产的动车组定为“2”，唐山轨道客车有限责任公司生产的动车组定为“3”，长春轨道客车股份有限公司生产的动车组定为“5”。

3）各型动车组的制造序列代码

按不同的技术序列单独编排，顺序由001~999依次排列。

4）各型动车组的型号系列代码

按动车组的速度等级、车种确定：

A——运营速度200 km/h、8辆编组、座车；

B——运营速度275 km/h、8辆编组、座车；

C——运营速度300 km/h、8辆编组、座车。

5）动车组型号和编号示例

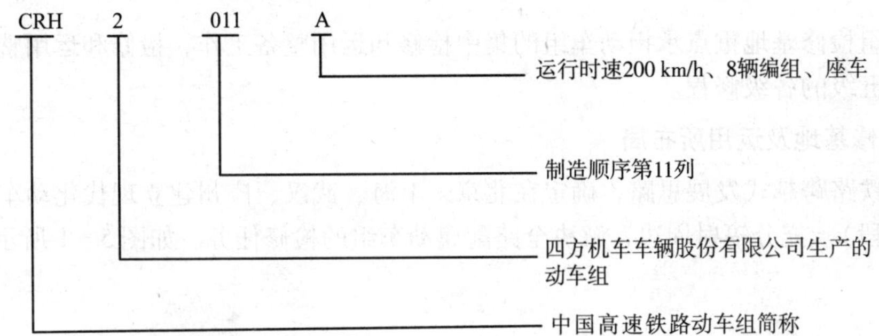

2. 动车组编组中的车种和顺位号

1）动车组编组中的车种代码（见表5-3）

表5-3 动车组编组中的车种代码

车　种	代　码
一等座车	ZY
二等座车	ZE
软卧车	WR
硬卧车	YW
餐车（含酒吧车）	CA
二等座车/餐车	ZEC
餐车卧车合造车	CW

2）动车组编组顺位代码

以两位阿拉伯数字表示，位置排列编号自首车起从“01”开始顺序排列，尾车的排列编号为“00”。

3）动车组中车辆的车种和顺位号示例

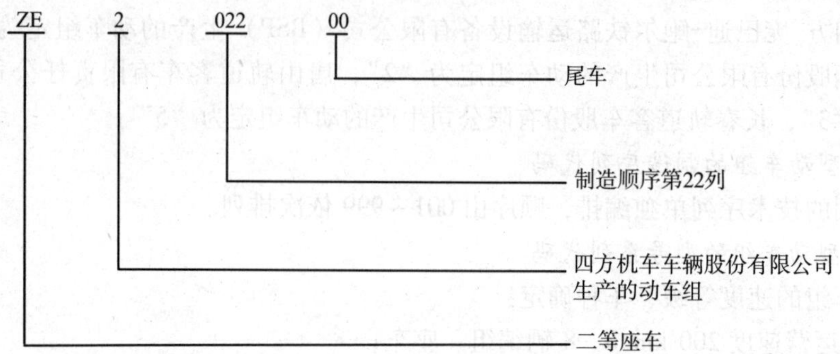

5.1.3 动车组检修基地

动车组检修基地重点承担动车组的集中检修和运用整备工作，检修和运用整备工作包括一级至五级的各级修程。

1. 检修基地及运用所布局

根据铁路跨越式发展思路，确定在北京、上海、武汉、广州建立现代化动车组检修基地（动车段），充分辐射周边，解决全路配属动车组的检修任务。如图 5－1 所示。

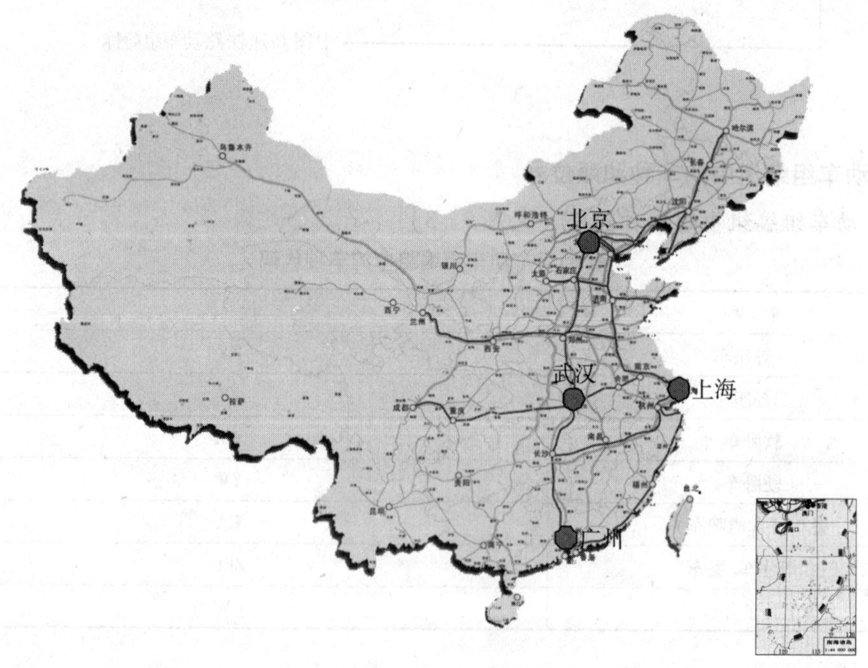

图 5－1 四大检修基地

1）四大基地建设原则

四大基地建设在能力和规模上要立足干线，并辐射周边地区；在覆盖范围上要立足于时速200 km，兼顾300 km；四大检修基地由铁道部统一管理，面向全路，服务全路。

2）四大检修基地的辐射范围

北京基地重点辐射东北、华北及京津环渤海地区，如天津、沈阳、长春、哈尔滨、大连、石家庄、太原、济南、青岛，覆盖京广、京津、京哈（大）、石太、京沪、胶济客运专线。

武汉基地重点辐射华中（中原）、西南地区及华北部分地区，如长沙、郑州、西安、宜昌、成都、贵阳、重庆、襄樊，覆盖京广、沪汉蓉、浙赣、郑西客运专线。

上海基地重点辐射华东及长三角地区，如杭州、南京、合肥、扬州、南昌，覆盖京沪、沪汉蓉、浙赣客运专线和杭州—宁波—深圳间的沿海客运专线。

广州基地重点辐射华南及珠江三角地区，如广州、深圳、珠海、汕头、湛江，覆盖京广、广深、广珠客运专线和杭州—宁波—深圳间的沿海客运专线。

3）运用所设置

京哈线以北京检修基地为中心，以此为依托在沈阳、大连和哈尔滨设置运用所（3个）。

京广线以武汉检修基地为中心，北京、广州基地为补充；同时依托北京基地设置石家庄运用所，依托武汉基地设置郑州运用所，依托广州基地，设置长沙运用所（3个）。

京沪线以北京、上海检修基地为中心；同时依托北京基地设置天津、济南（青岛）运用所，依托上海基地设置南京、杭州运用所（4个）。

杭州—宁波—深圳沿海通道以上海、广州检修基地为中心，同时依托上海基地设置温州运用所，依托广州或上海基地设置福州运用所（2个）。

浙赣线以上海、广州检修基地为中心，同时依托上海基地设置南昌运用所（1个）。

在西南地区依托武汉基地设置成都、重庆运用所（2个）。

在陇海线上依托武汉基地设置西安、兰州运用所（2个）。

减去了天津、石家庄、温州、重庆、兰州等5个运用所；增加了北京、北京西、济南、汉口、上海南、广州东、新深圳等7个运用所；截至2010年，共建成19个运用所（见图5-2）预计到2020年，运用所将增加到25个，新增加的运用所有：石家庄、兰州、乌鲁木齐、昆明、南宁和三亚。

2. 动车组的修程修制

（1）检修制度：实行计划预防检修制度。

（2）检修等级：分五个等级。

（3）运用检修：一、二级检修，在运用所进行。

（4）定期检修：三、四、五级检修，在检修基地（动车段）进行。

（5）检修周期：见表5-4。

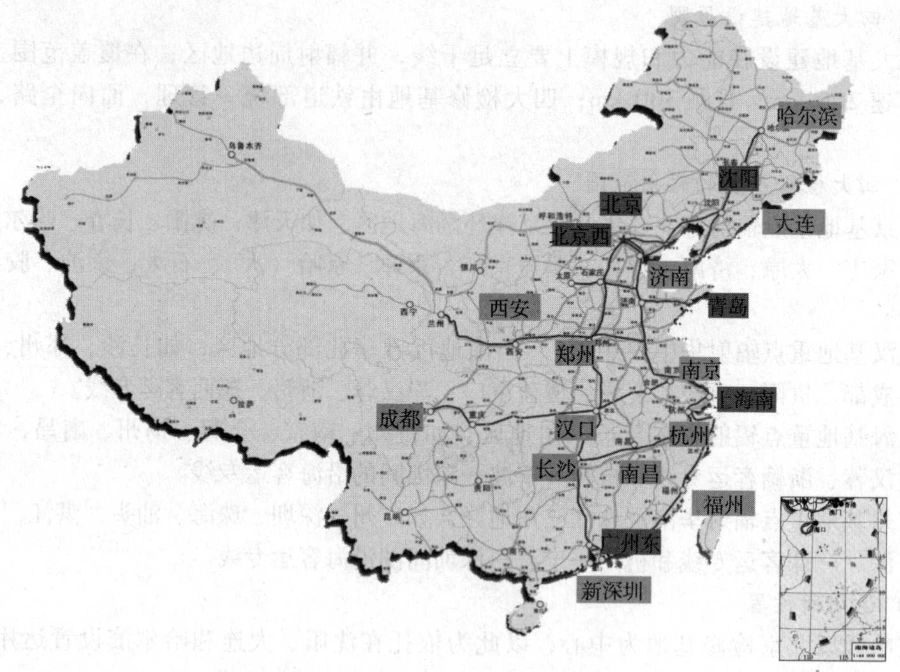

图 5－2　2010 年 19 个运用所布局

表 5－4　动车组检修周期

检修等级	检修周期			
动车组型号	CRH1	CRH2	CRH3	CRH5
一级维修（例行检查）	4 000 km 或 48 h			
二级维修（重点检查）	15 天	3 万 km 或 30 天	暂定 2 万 km	6 万 km
三级维修（重点分解检查）	120 万 km	45 万 km 或 1 年	120 万 km	120 万 km
四级维修（系统分解检查）	240 万 km	90 万 km 或 3 年	240 万 km	240 万 km
五级维修（整车分解检查）	480 万 km	180 万 km 或 6 年	480 万 km	480 万 km

（6）检修方式

- 换件修（在中、高级修程中进行）；
- 集中修（在检修基地或制造厂进行）；
- 状态修（服务设施）；
- 均衡修（尽量减少大修休车时间）。

（7）动车组修程修制的基本内容和框架

- 一级维修——例行检查：更换、调整和补充消耗部件，检查各部分的状态和性能，特别是车下悬吊件的安装情况；
- 二级维修——重点检查：按照规定进行动车组性能试验和安全性检测，重点检查轮对踏面和车轴；

- 三级维修——重要部件分解检修：对转向架及其主要零部件进行分解检修；
- 四级维修——系统全面分解检修：对各主系统进行分解检修，必要时进行车体的涂漆；
- 五级维修——整车全面分解检修：对全车进行分解检修，较大范围地更新零部件，并进行车体的涂漆。

5.1.4　动车组结构及性能

动车组结构及性能参数见表5－5。

表5－5　动车组结构及性能参数

动车组型号	CRH1	CRH2	CRH3	CRH5
原型车生产公司/型号	庞巴迪/Regina	川崎重工/E2－1000	西门子/Velaro－E	阿尔斯通/SM3
头车长度/m	26.95	25.7	25.86	27.6
中间车长度/m	26.6	25.0	24.825	25.0
总长/m	213.5	201.4	约200	211.5
车辆宽度/m	3.328	3.38	3.265	3.2
车辆高/m	4.04	3.7	3.89	4.27
转向架中心距/m	19.0	17.5	17.375	19
地板面距轨面高度/m	1.25	1.3	1.27	1.27
受电弓工作最低高度/m	5.3	4.888	5.3	5.3
受电弓工作最高高度/m	6.5	6.8	6.0	6.5
定员/人	668	610	600	622
最高运营速度/（km/h）	200	200	350	200
最高试验速度/（km/h）	250	250	350	250
牵引功率/kW	5 500	4 800	8 800	5 500

5.2　CRH1动车组

CRH1动车组是一种全面采用先进技术的、现代化的动力分散型动车组。该动车组以在丹麦、瑞典已经运营了五年的Regina动车组为原型，并融合了庞巴迪、Adtranz和ABB几十年来的技术方案，通过公司内部技术转移，由青岛四方庞巴迪鲍尔铁路运输设备有限公司（BSP公司）制造生产。

5.2.1　动车组的基本结构

1. 编组结构

CRH1动车组由4种形式的车辆组成，包括车端带司机室的动车（Mc1，Mc2）；带受电弓的中间拖车（Tp1，Tp2）；不带受电弓的中间拖车（带吧台拖车Tb）和中间动车（M1，M2，M3）共8辆车构成一个基本编组，其结构示意图如图5－3所示。

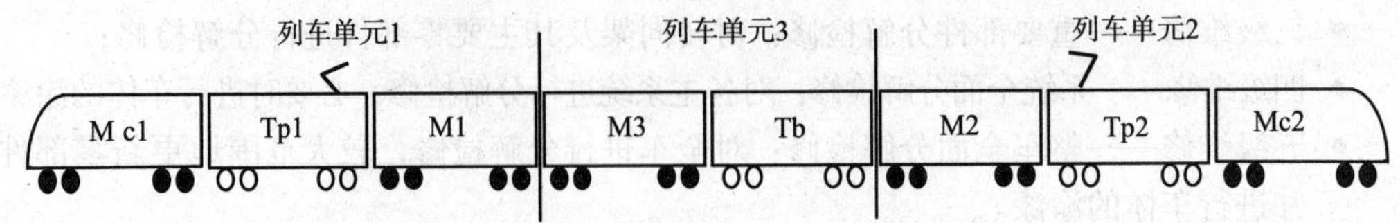

图5-3 CRH1 动车组的结构示意图

Mc—动力车；Tp、Tb—拖车

铁道车辆在前后、左右方向是一个接近对称的结构，在对称轴上或在对称的部位上有许多结构相同或相近的零部件。设置车辆方位就像数学上给定坐标系一样，便于在设计、制造、检修、运用中确定同类型零部件在车辆中的位置。CRH1 的单辆车和列车组按车辆方向（A 端和 B 端，左侧和右侧）的标识定义如图5-4所示。

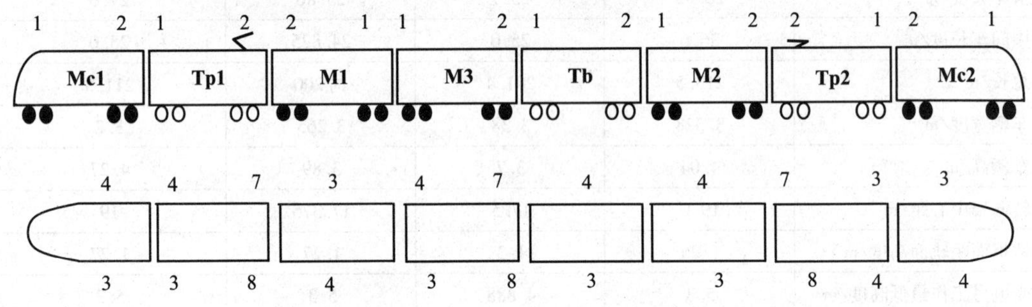

图5-4 车辆及列车的方向标识

1—A 端（车辆）；2—B 端（车辆）；3—左侧（车辆）；4—右侧（车辆）；7—右侧（列车）；8—左侧（列车）

2. 主要外型尺寸

车辆的尺寸分两种，一种指车辆全长、车辆最大宽度和最大高度，另一种指的是车体长度、车体宽度和车体高度。车辆全长为该车两端钩舌内侧面间的距离；车辆最大宽度指车体最宽部分的尺寸；车辆最大高度指车辆顶部最高点和钢轨水平面间的距离。Mc 车车辆全长为26. 95 m（车体长度为26. 033 m）；Tp、Tb 和 M 车车辆全长为26. 60 m（车体长度为25. 91 m），车体承载结构截面最大宽度为3. 331 m（车体宽度为3. 328 m），车顶距轨面高度为4. 04 m，地板距轨面距离为1. 25 m，转向架中心间距离为19. 0 m。

3. 车顶设备

在2、7号车设受电弓及附属装置，CRH1 动车组采用 DSA250 受电弓，其工作高度最低5 300 mm，最高6 500 mm。动车组正常运行时，采用单弓受流，另一台受电弓备用，处于折叠状态。

4. 车端设备

车端设密接式车钩装置、风挡及空气、电气连接等，包括：列车通信总线连接、制动控制线连接、供电母线连接、直流供电母线连接、电路电气设备连接、电缆连接、高压电线连接、列车管和总风管及车钩解钩空气管路连接。

5. 车下悬吊设备

每辆车下有空调机组、制动控制装置。在动车下有逆变器，在拖车下有主变压器，如图5-5和图5-6所示。

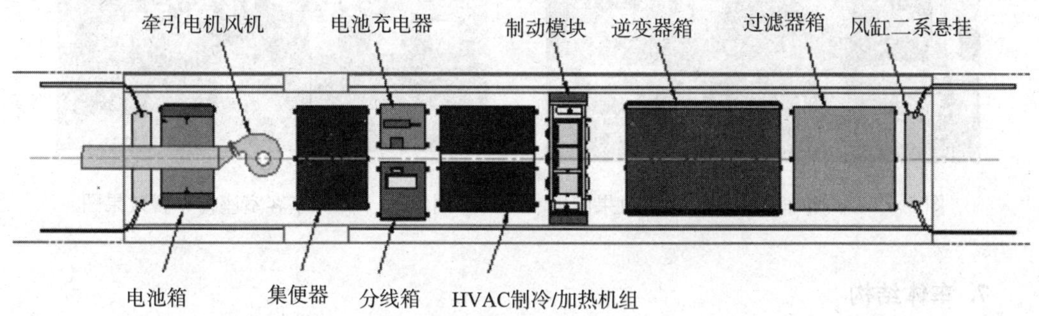

图5-5 CRH1动车底部吊挂

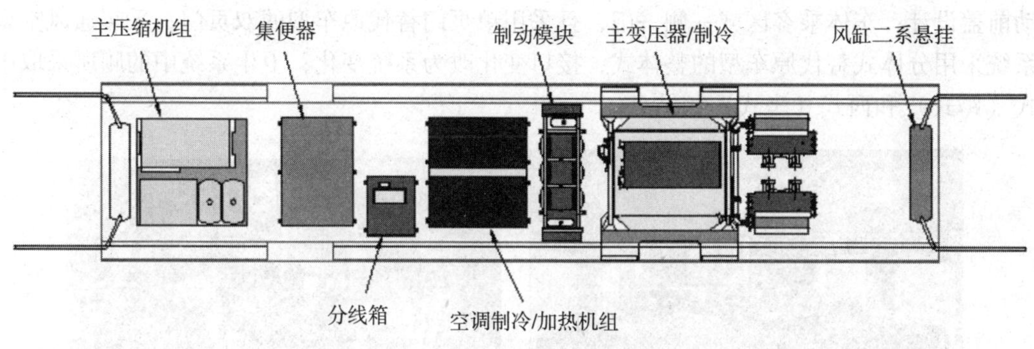

图5-6 CRH1拖车底部吊挂

6. 车内布置

CRH1动车组车内布置包括：两节一等车——Mc1、Mc2；五节二等车——Tp1、Tp2、M1、M2、M3；一节二等车与餐车合造车——Tb。一等车客室座椅2+2布置（见图5-7），二等车客室座椅2+3布置（见图5-8），Tb车为二等车与餐车合造车，A端为二等车座席，采用2+3布置，共19座，另外还布置有两个残疾人轮椅位置和一个残疾人厕所，B端为餐车和酒吧，布置有24个餐车座椅、三个酒吧立桌、厨房制作间、酒吧、储藏室和乘务员室（见图5-9）。全列车定员668人，定员布置见表5-6。

表5-6 CRH1各节车厢定员

车厢顺位	01/Mc1	02/Tp1	03/M1	04/M3	05/Tb	06/M2	07/Tp2	00/Mc2
席别	一等座车	二等座车	二等座车	二等座车	酒吧座车	二等座车	二等座车	一等座车
定员	72	101	101	101	19	101	101	72

图5-7　一等车客室座椅布置效果图

图5-8　二等车客室座椅布置效果图

7. 车体结构

CRH_1 型动车组的车体为不锈钢焊接结构，车门处地板距轨面高度1 250 mm，车钩距轨面高度880 mm；Mc 车厢重12.5 t，Tp、Tb 和 M 车厢重11.9 t；采取司机室自动车钩自动前盖设计；车体乘客区域一侧一门，且采用单页门替代原车型的双页门；采暖通风空调系统采用分体式替代原车型的整体式，接口变化改为系统变化；卫生系统中的厕所采取中式（蹲式）和西式（坐式）相结合。

（a）餐车

（b）酒吧区

图5-9　餐车和酒吧区布置效果图

5.2.2　主要部件、系统的组成及工作原理

1. 转向架

转向架是动车组车辆系统中最重要的组成部件之一，其结构设计是否合理直接影响车辆的运行品质、动力性能和行车安全。

1）转向架的功能

对铁路车辆来说，转向架必须具有如下功能：

① 承载——承受转向架以上各部分的重量（包括：车辆自重、旅客载重、水及动态载荷等），并使轴重均匀分配；

② 转向——保证车辆顺利通过曲线；

③ 缓冲——缓和线路不平顺对车辆的冲击，保证车辆具有良好的运行平稳性；

④ 牵引（动力转向架）——保证必要的轮轨黏着，并把轮轨接触处产生的轮周牵引力传递给车体、车钩，牵引列车前进；

⑤ 制动——产生必要的制动力，使车辆在规定的距离内减速或停车。

2）转向架的组成

动车组转向架可分为动力转向架和非动力转向架两种。动力转向架主要由六个部分组成：

① 轮对和轴箱——轮对作为车辆与线路的系统界面，直接向钢轨传递重力，通过轮轨间的黏着产生牵引力或制动力，并通过车轮的回转实现车辆在钢轨上的运行（平移）；轴箱是联接构架与轮对的活动关节，它除了保证轮对进行回转运动外，还能使轮对适应线路不平顺等条件，相对于构架垂向、横向和纵向运动；

② 弹簧悬挂装置——主要由弹簧和阻尼器组成。现代动车组车辆基本采用两系悬挂，一系悬挂装置悬挂在轴箱和构架间，二系悬挂装置悬挂在构架与车体间。弹簧悬挂装置，用来平衡轴重分配，缓和线路不平顺对车辆的冲击，保证车辆运行稳定性和平稳性，并保证车辆通过曲线时使转向架能相对于车体回转灵活；

③ 构架——转向架的基础骨架，用于安装转向架的各个零部件，并承受和传递各种载荷；

④ 牵引装置——用以传递车体与转向架间纵向力，如动车的牵引力和制动力；

⑤ 驱动装置（动力转向架）——将动力装置的扭矩通过齿轮箱有效地传递给轮对，驱动车轮转动；

⑥ 基础制动装置——将制动缸压力增大若干倍以后传给闸片或闸瓦，使其压紧制动盘（或车轮），对车辆施行制动。

非动力转向架与动力转向架的主要区别是：非动力转向架没有驱动装置。

CHR_1 动车组转向架是以瑞典 Regina 车 AM96 转向架为原型进行设计的，后者在中国和欧洲都用在高速运行的列车上，在轮对、轴箱、一、二系悬挂装置、齿轮箱和牵引装置、制动装置等各部件上均采用了成熟的技术，这就确保了它满足高速列车在速度和负载方面的要求。动车组每节车厢下有两个转向架。动车下是动力转向架，如图5－10所示。拖车下是拖车转向架。动力转向架由构架、轮对轴箱、牵引装置、基础制动装置、二系悬挂装置、牵引电机、驱动装置组成。每台动力转向架有两根动力轴，电机采用架悬方式。拖车转向架的组成结构与动车转向架基本一致，但没有牵引电机和驱动装置。

2. 牵引系统

CRH_1 动车组牵引系统工作原理示意图如图5－11所示，主要由受电弓、牵引变压器（见图5－12）、牵引变流器（见图5－13）及牵引电机组成（见图5－14）。受电弓从接触网接受25 kV/50 Hz高压交流电能，经过安装在车底架上的牵引变压器降成900 V/50 Hz交流电，降压后的交流电经网侧变流器转换成1 650 V直流电，该直流电再由牵引变流器转换成可变频率可变电压的三相交流电送给牵引电机，将电能转换成牵引列车的机械能。所

以 CRH_1 属于交-直-交传动的电力牵引列车。动车组有三个相对独立的主牵引系统，其中两个单元由两辆动车和一辆拖车组成，另一个单元由一辆动车和一辆拖车组成，正常情况下，三个牵引系统均工作，当一个牵引系统发生故障时，可以自动切断故障源，继续运行。

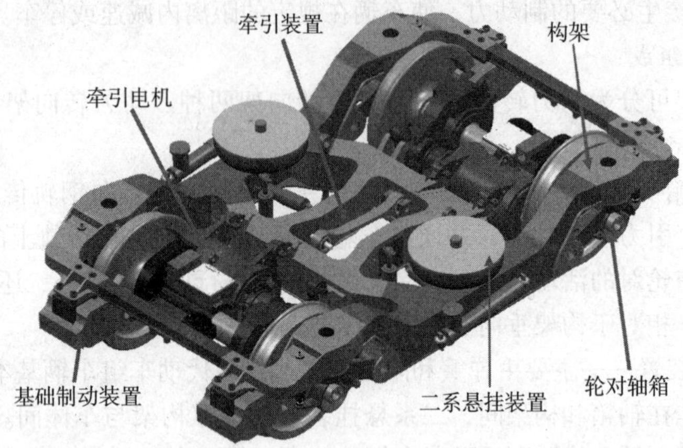

图 5-10　CRH_1 动力转向架

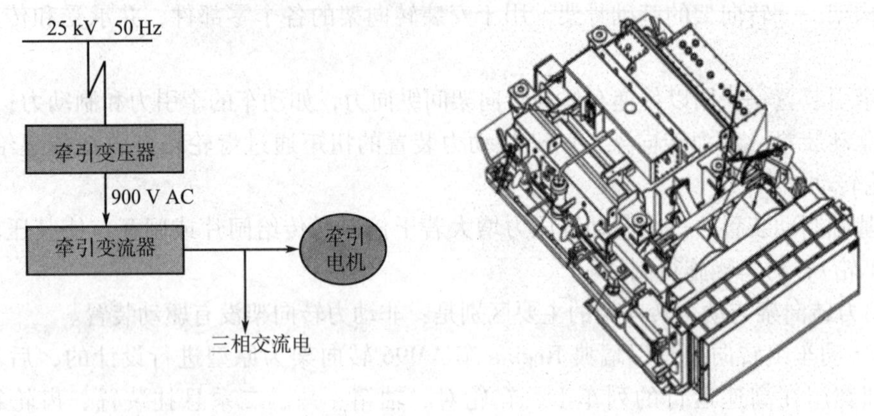

图 5-11　牵引系统工作原理示意图

图 5-12　牵引变压器

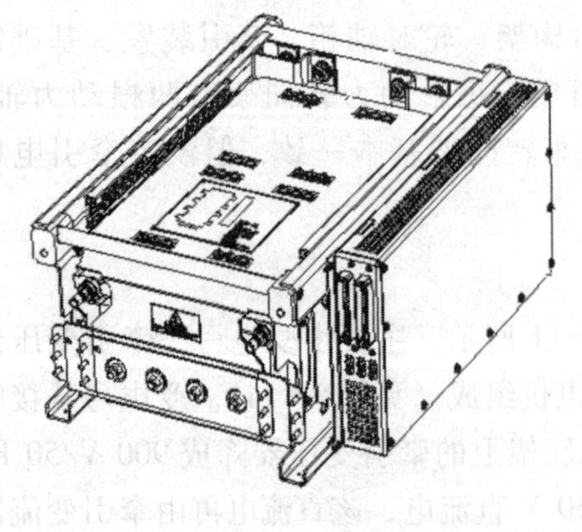

图 5-13　牵引变流器

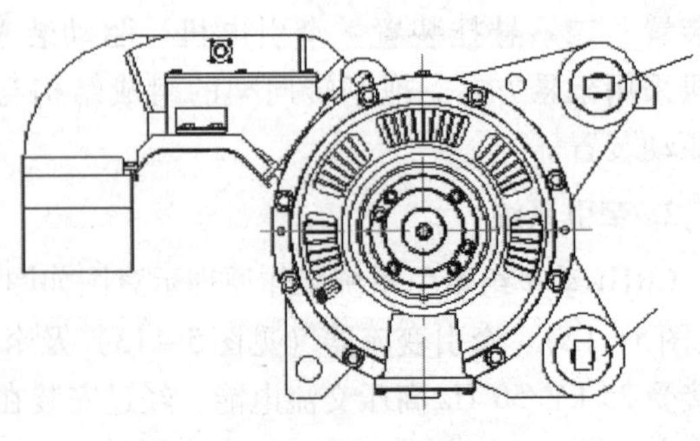

图 5-14　牵引电机

3. 制动系统

制动是人为地利用制动力使列车减速、停车、阻止其运动或加速的统称。动车组采用复合制动模式，包括动力制动和空气制动。动力（再生）制动是常用制动优先使用的一种制动方式，当其制动能力不足时，由空气制动来补充。当列车速度减慢到大约 7 ~ 10 km/h 以下时，动力制动能力减弱，列车速度降低到大约 2 km/h 时动力制动能力减到零。为了在上述低速阶段仍能得到制动力，随着速度的减小，逐步加入空气制动，最后由空气制动全部取代动力制动。动车组的紧急制动（包括安全环制动）主要采用空气制动，制动系统工作原理示意图如图 5 - 15 所示。

CRH_1 动车组制动系统有两套。一套是电制动，如图 5 - 15 所示。将牵引电机转换成发电机形式工作，所发出的电能反馈到接触网产生制动效果，即再生制动；另一套是空气制动，将电指令转换成空气指令送入制动缸起制动作用。列车制动优先采用再生制动方式，制动方式转换均由计算机系统控制完成。当司机通过司机台上的制动控制器实施制动指令时，制动电信号首先到达车辆计算机系统，再传入制动控制装置。制动控制装置根据列车速度，自动实施空气制动与再生制动。

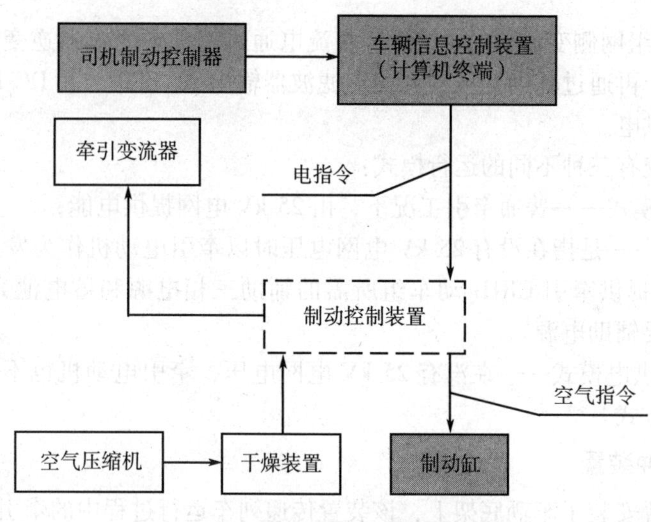

图 5 - 15 制动系统工作原理示意图

CRH_1 动车组的电气制动系统的组成与牵引系统一致。CRH_1 动车组的空气制动系统主要由直通式电空制动装置和基础制动装置两大部分组成。直通式电空制动装置是由司机直接操作产生的电指令信号，再经微处理器控制，实施制动和缓解的操作，无须经过列车管与分配阀，这种电控空气制动机对电信指令的反应更快，更容易实现列车的平稳操纵。基础制动装置为盘形制动装置，在拖车转向架的车轴上或者在动力转向架的车轮辐板上装有制动盘，盘的两侧是装配有有机合成闸片的制动夹钳，通过压缩空气使闸片夹紧制动盘产生摩擦来实现制动。

4. 辅助电源系统

辅助系统是列车运行不可缺少的一部分，是维护列车许多重要功能（如制动、照明、冷却风扇、泵、控制单元等）所必需的。CRH1 型动车组的辅助系统包括辅助电源系统和辅助用电设备。辅助用电设备包括 HVAC（采暖、通风、空调）系统、空压机、风机、电池充电模块及车辆控制、照明等装置。在动车下分别设置一套辅助电源装置，提供三相四线制 50 Hz/400 V 交流电源和 110V 直流电源，供空气压缩机、照明、控制、广播、列车无线通信等辅助交流和直流设备使用，其工作原理示意图如图 5－16 所示。

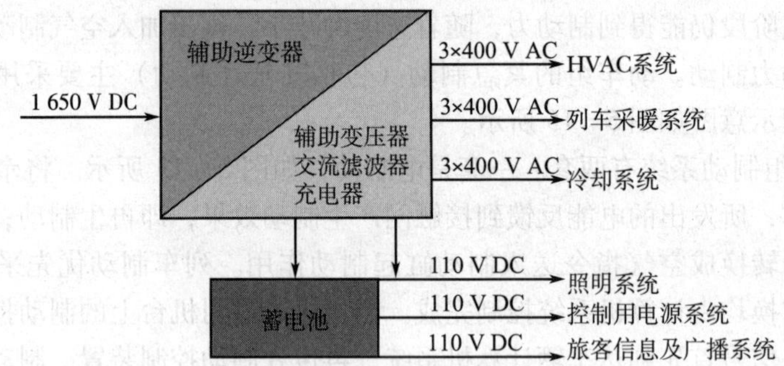

图 5－16　辅助电源供电工作原理示意图

CRH_1 型动车组网侧变流器的 1 650 V 直流电通过辅助逆变流器逆变为固定频率和幅值的三相交流电，再通过辅助变压器和交流滤波器输出 AC 380 V 和 DC 110 V 两路电源，为列车的各设备供电。

辅助电源系统有三种不同的运行模式：

① 普通运行模式——普通牵引工况下，由 25 kV 电网提供电能；

② 回送模式——是指在没有 25 kV 电网电压时以牵引电动机作为发电机（相当于再生制动的情况），提供牵引 CRH_1 动车组所需的辅助三相电源和蓄电池充电电源（CRH_1 动车组制动也需要辅助电源）；

③ 外部电源供电模式——在没有 25 kV 电网电压，牵引电动机也不发电，直接接入外部电源的供电方式。

5. 车钩及缓冲装置

车钩缓冲装置安装于车辆底架上，该装置传递列车运行过程中的牵引力和制动力，缓和列车纵向冲动。

CHR_1 型动车组车钩系统包括安装在列车两端的全自动车钩（如图 5－17 所示）、连接动车组本身车辆之间的半永久性车钩和轻量型过渡车钩（附加在自动车钩上以便与传统车钩对接）。车钩均采用密接方式，全自动车钩内有机械、空气、电气连接机构和通路，置于 CRH_1 型动车组 Mc 车的 A 端，用于连接其他的列车组。不用时，它们置于前导流罩板的后面；半永久性车钩的设计目的是为了确保列车车辆在运行过程中始终联挂为一个车组，只在紧急情况下或者需要在车间进行维修时才进行解钩，车钩内有机械、空气连接机构和通路；轻量型过渡车钩包括一个车钩头、风管和一个能与普通自动车钩联挂的 AAR 连接器（适配器），当列车发生运行故障或其他事故时，可以通过轻量型过渡车钩连接并实施牵引。

缓冲器位于车钩后端，可缓冲车厢间的压缩和拉伸的冲击。车钩及缓冲器可以在不架起车体的情况下拆装和检修。

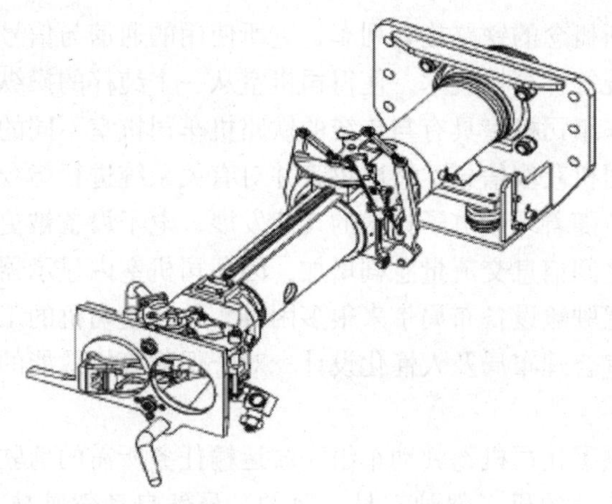

图5-17 全自动车钩

6. 列车控制与管理系统

CRH_1 型动车组控制与管理系统是一套建立在现场总线通信网络上的车载分布式计算机系统，称为 TCMS（the Train Control & Management System），即列车控制和管理系统，其示意图如图5-18所示。

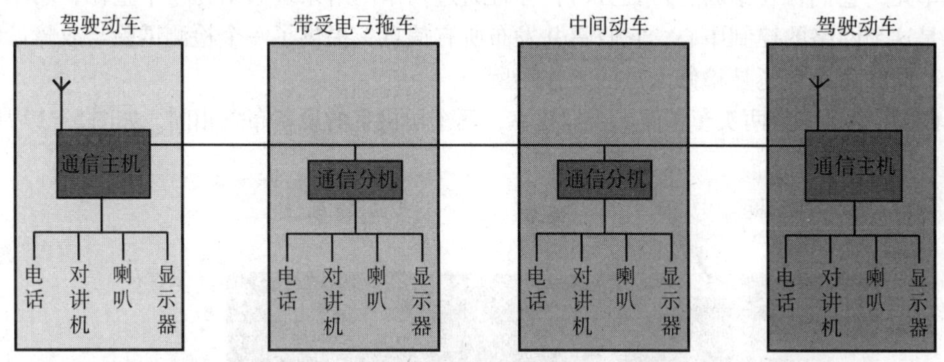

图5-18 列车信息控制系统示意图

TCMS 通过贯穿整个列车的总线来传送控制、监测及故障诊断等信息，可控制并监控所有列车和车辆的各种主要功能。CRH_1 型动车组控制与管理系统的通信网是 TCN，即列车通信网络，其主干网是两层结构的通信总线；在各车辆之间的通信线路为 WTB，即列车总线；在各车辆内部信号的通信线路为 MVB，即多功能车辆总线。控制系统重要部分采取冗余设计，使系统具有冗余性，排除了单一故障影响系统功能的可能性。

列车网络控制系统主要由主处理单元、列车信息显示装置、车内信息显示装置、网关、中继器、远程输入输出模块等组成。该系统具有牵引控制、制动控制、设备状态监测与控制、辅助设备控制等功能。列车网络控制系统可以记录、存储车内设备的数据信息，便于进行故障分析与排除，同时这些信息可以传送回基地，实现车内信号与地面系统的远程传输。

7. 司机室

动车组是一种全新概念的铁路旅客列车，它所使用的通信与信号系统、全数字化的网络控制、全球定位系统等计算机技术，使得司机室从一个纯粹的操纵空间变成了一个集成控制中心，这使得动车组司机室具有与传统的铁路机车司机室不同的特点。

动车组司机室是司机获取信息、做出决策并对有关系统进行指令控制、驾驶列车完成各种任务的工作场所。随着现代电子技术的飞速发展，电子设备被更多地应用于高速动车司机室内，导致人机之间信息交流量急剧增加，因此司机室内显示器和控制器增多。这给驾驶操纵台以至整个驾驶舱设备布局带来很多困难，并且使司机的工作负荷越来越大。因此，高速动车组司机室合理布局及人性化设计，对于保障人机效能的充分发挥和列车行驶安全至关重要。

动车组司机室提供了让司机驾驶动车组完成运输任务所需的驾驶界面功能，在这一点上，动车组司机室与传统的机车驾驶室是一致的。虽然自动驾驶技术已经有了很好的应用，然而，人（司机）仍然是安全的决定性因素，司机室的驾驶功能是必不可少且始终如一的，由司机下达的驾驶指令具有最高优先级。

动车组司机室是整个列车的控制中心和信息中心，所有的控制命令都可以从司机室发出，如整列车的车门控制、车辆的乘客信息系统、广播系统、列车控制系统等均在司机室集成，在司机室可以监控、发布、控制各个系统的运转。动车组的各个分部件都是独立的智能单元，它们自我诊断、自我分析，并且通过列车网络系统联结为一个整体，动车组司机室是这个网络的控制中心，它收集并发布所有信息，提供了一个检测试验与故障诊断的平台。同时司机室还是检修人员的工作场所。

CRH_1 型动车组两头车各设一个司机室，两个司机室的设备布置相同，如图 5－19 所示。

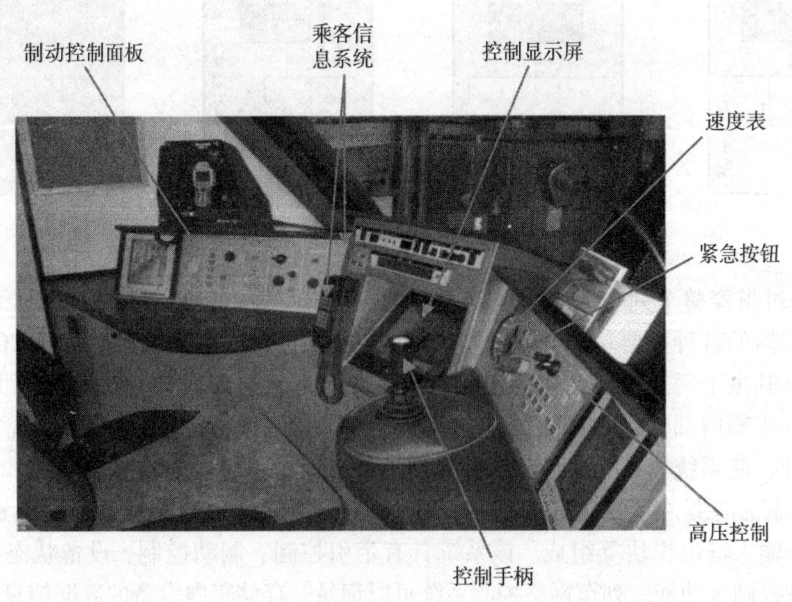

图 5－19　CRH_1 司机室

司机室挡风玻璃视野宽阔，能见度好。为保证司机的视野，挡风玻璃前还装有雨刷器。在挡风玻璃内侧上方有一块电动遮阳板，以阻挡太阳光的直射。

司机室内主要设施有司机操纵控制台、司机座椅和两个柜子。司机操纵台分为三个部分，正面是经常使用和需要监视的重要仪表，左右两侧是其他监视仪器和控制按钮，在经用户确认的位置上设置 ATP/ATC 系统的信号设备和显示设备。柜子一个用于放置 ATP 设备，另一个用于安放乘务员设施和安全设备等。

8. 给排水和卫生系统

动车组给排水和卫生系统能保证旅客旅途的舒适和方便，是在列车运行期间乘客和工作人员在饮食、卫生方面不可缺少的系统设备。给排水和卫生系统主要包括供水系统、饮水机及卫生系统三部分。供水系统主要任务是向列车提供各种用水，如洗漱用水、饮水机供水、餐车用水和冲洗集便器用水。旅客和乘务人员可使用卫生间的洗手盆进行洗手、洗脸或漱口。饮水机用于为乘客提供饮用水，如用于沏茶等。卫生系统为乘客提供舒适的卫生环境，并负责收集污物。

CRH_1 高速列车各个车厢上为司、乘人员（包括残疾人）设计制造了方便适用的给排水、排污及卫生系统。给排水系统可方便清洗餐饮用具、将厕所的集便器里的污物冲刷至污物箱或供冲水式集便器用水（最多两天不加水）。卫生系统的任务是向列车上的乘客提供舒适的厕所环境（隐私区域），并可收集、储存厕所里的所有污物，直到最后实施清理（最多两天）。

CRH_1 型动车组为 8 节编组，共设计有 3 种不同类型的卫生间：每列车有 10 个标准蹲式卫生间（中式，安排在 5 个乘客车厢内，每个车厢 2 个，左右对称设置）、2 个标准坐式卫生间（西式，安排在 2 个乘客车厢内，每个车厢 1 个）和一个多功能坐式卫生间（为残疾人设计，安排在 1 个乘客车厢——Tb 车厢内）。

5.3 CRH_2 动车组

CRH_2 动车组以日本的 E2-1000 型动车组为原型车，通过全面引进设计制造技术，由四方股份公司在国内制造生产。

5.3.1 动车组的基本结构

1. 编组结构

CRH_2 型动车组采用动力分散交流传动方式，动车组采用 8 辆编组，4 动 4 拖，由两个动力单元组成。每个动力单元由 2 辆动车和 2 辆拖车（T－M－M－T）组成；首尾车辆设有司机室，可双向驾驶，编组后结构示意图如图 5－20 所示。

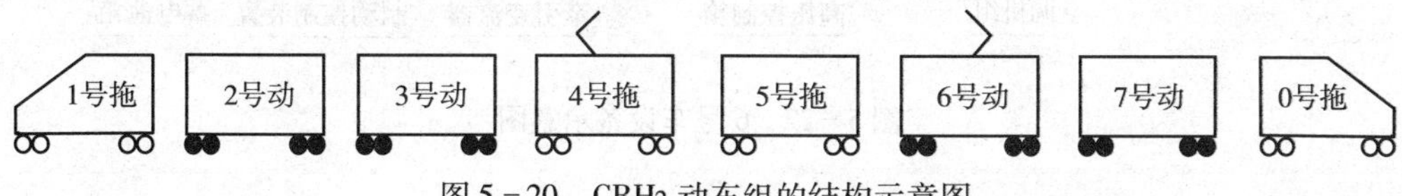

图 5－20 CRH_2 动车组的结构示意图

CRH_2 动车组的车辆定位、转向架、车轴及车轮编号的定义如图 5－21 所示。

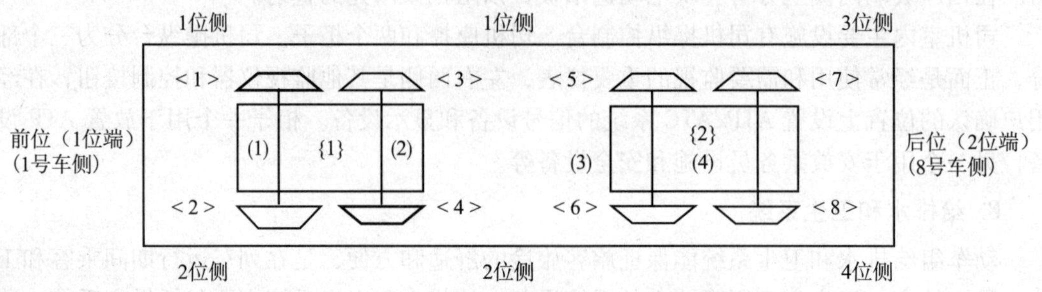

图 5－21　车辆定位、转向架、车轴及车轮编号的定义

{n}—转向架编号；（n）—车轴编号；<n>—车轮编号；n=1，2，3，4，…，8

2. 车辆长度

动车组头车车辆全长为 25.7 m，中间车车辆全长为 25 m，列车总长为 201.4 m，车体宽度为 3.38 m，车体高度为 3.7 m。

3. 车顶设备

在 4 号和 6 号车设受电弓及附属装置，安装高度 4 000 mm 时，受电弓工作高度最低 4 888 mm，最高 6 800 mm，最大升弓高度 7 000 mm。动车组正常运行时，采用单弓受流，另一台受电弓备用，处于折叠状态。

4. 车端设备

设密接式车钩装置、风挡及空气、电的连接设施等，包括：列车通信总线连接、制动控制线连接、供电母线连接、直流供电母线连接、列车总风管连接、电路电气设备连接、电缆连接、高压电线连接。

5. 车下悬吊设备

每辆车下有空调机组、制动控制装置。在 2、3、6 和 7 号车下有牵引变流器，在 2 号车和 6 号车下有牵引变压器。在单号车下有污物箱及水箱，如图 5－22 所示。

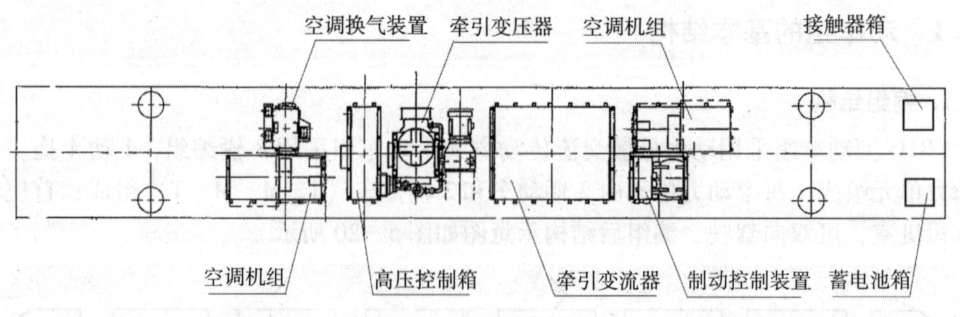

图 5－22　6 号车设备示意图

6. 车内布置

全列车有 1 辆一等车和 7 辆二等车。一等车为 2 +2 布置，二等车为 2 +3 布置。全列车定员 610 人，定员和车内布置分别见表 5 -7、图 5 -23 和图 5 -24。

表 5 -7　各节车厢定员

车厢顺位	01	02	03	04	05	06	07	00
席　别	二等座车	二等座车	二等座车	二等座车	酒吧座车	二等座车	一等座车	二等座车
定　员	55	100	85	100	55	100	51	64

图 5 -23　一等座车车内布置

图 5 -24　二等座车车内布置

在单号车厢内设卫生间、小便间和盥洗间，如图 5 -25 ~ 图 5 -27 所示。

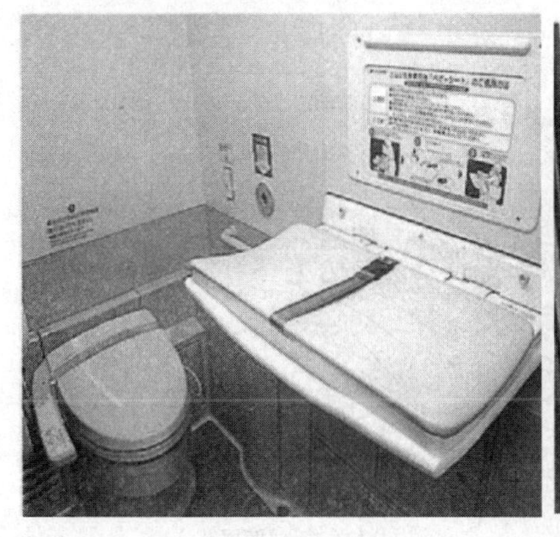

图 5 -25　卫生间

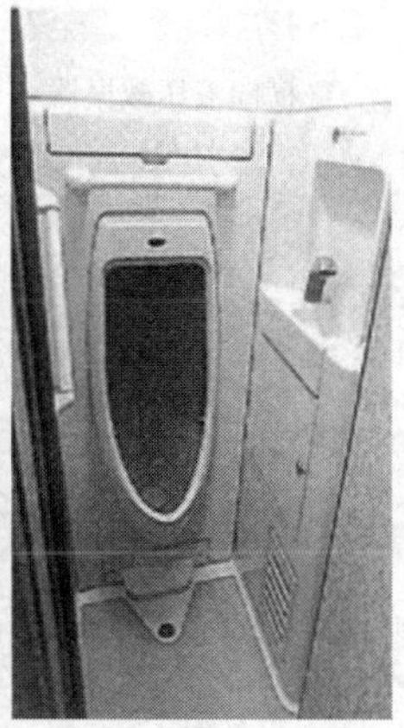

图 5 -26　小便间

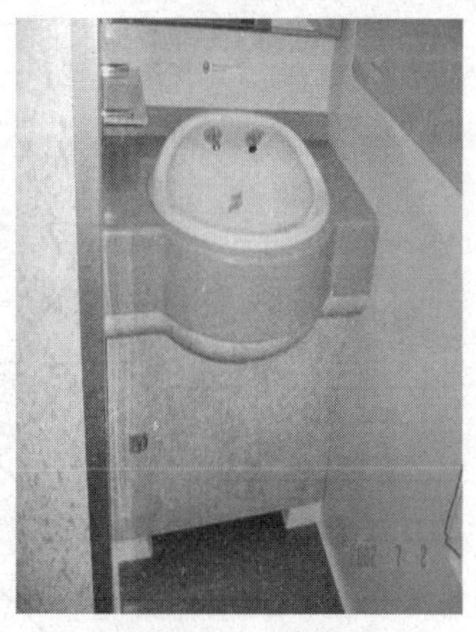

图 5 -27　盥洗间

7. 车体结构

车体采用铝合金结构，主要分为头车车体和中间车车体两种。头车车体由底架、侧墙、车顶、端墙、车体附件及司机室头部结构组成，中间车车体由底架、侧墙、车顶、端墙及车体附件组成。车体的主要技术参数见表 5 -8。

表5－8　CRH2 车体主要技术参数

长　度	25 450 mm	头车
	24 500 mm	中间车
宽　度	3 380 mm	
高度（距轨面）	3 700 mm	
转向架中心距	17 500 mm	
地板面距轨面高度	1 300 mm	
车钩距轨面高度	1 000 mm	

5.3.2　主要部件、系统的组成及工作原理

1. 转向架

动车组每节车厢下有两个转向架。动车下是动力转向架，如图5－28 所示，拖车下是拖车转向架。动力转向架由构架、轮对轴箱、牵引装置、基础制动装置、二系悬挂装置、牵引电动机、驱动装置等组成。所有动力转向架的结构形式是相同的，每台动力转向架有两根动力轴，电动机采用架悬方式。除两头车转向架因安装排障装置和LKJ2000 型速度传感器略有不同外，其他拖车转向架的结构形式均相同，但没有牵引电机和驱动装置。

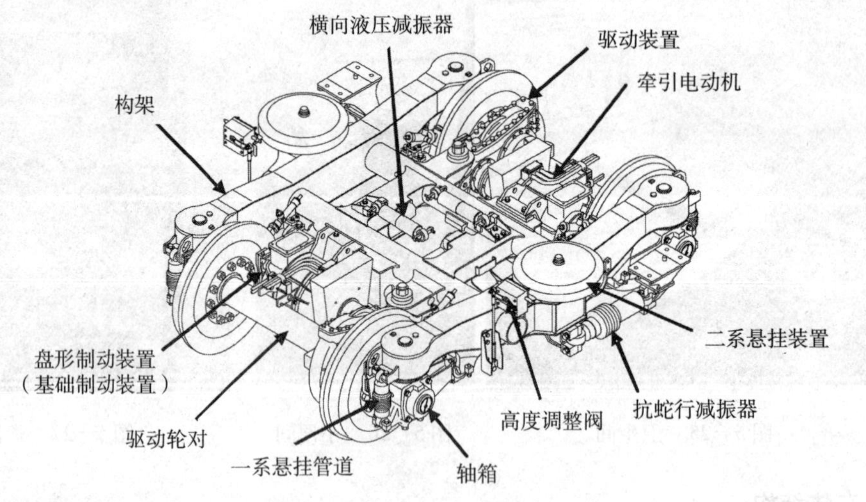

图5－28　CRH2 动力转向架

2. 牵引系统

牵引系统工作原理示意图如图5－29 所示，主要由高压电气设备、牵引变压器（见图5－30）、牵引变流器（见图5－31）及牵引电动机（见图5－32）组成。

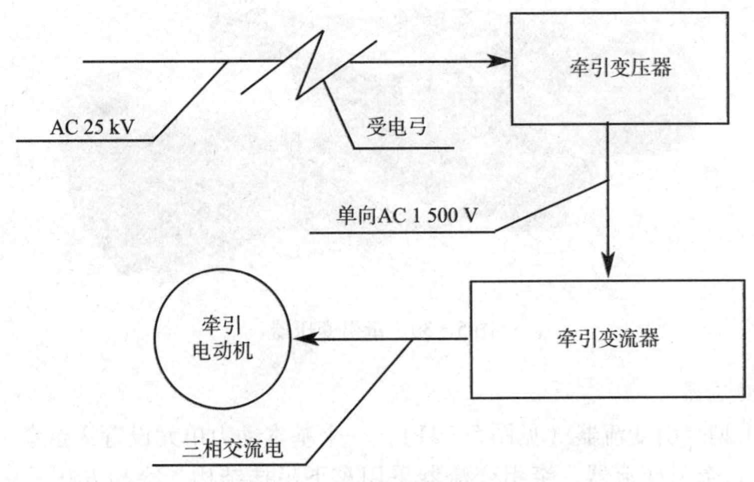

图 5－29 牵引系统工作原理示意图

1）高压电气设备

高压电气设备主要包括受电弓、保护接地开关、高压电压互感器、高压隔离开关、真空断路器、避雷器、高压电流互感器等。

受电弓采用 DSA250 型，该受电弓为单臂型结构，额定电压/电流为 25 kV/1 000 A，接触压力为（70 ±5）N，弓头宽度约 1 950 mm，具有自动降弓功能，适应接触网高度为 5 300 ~6 500 mm，运行速度小于 250 km/h。

真空断路器采用 CB201C－G3 型。额定开断容量为 100 MV·A，额定电流AC 200 A，额定断路电流 3 400 A，额定开断时间小于 0.06 s，采用电磁控制空气操作。

避雷器采用 LA204 或 LA205 型。额定电压为 AC 42 kV（RMS），动作电压为 AC 57 kV以下，限制电压为 107 kV。由氧化锌（ZnO）为主的金属氧化物组成，是非线性高电阻体的无间隙避雷器。

高压电流互感器采用 TH－2 型。变流比为 200/5 A，用于检测牵引变压器原边电流值。

保护接地开关采用 SH2052C 型，额定瞬时电流为 6 000 A，采用电磁控制空气操作。

高压电压互感器用于检测接触网电压。

高压隔离开关采用 BT25.04 型，额定电压 30 kV。当车顶设备发生故障时，能将故障部分隔离维持动车组运行。

2）牵引变压器

采用 ATM9 型牵引变压器（见图 5－10），一个基本动力单元设置 1 台牵引变压器，全列车共 2 台。采用壳式结构、车体下吊挂、油循环强迫风冷方式。牵引变压器设置 1 个原边绕组（25 kV，3 060 kV·A）、2 个牵引绕组（1 500 V，2 ×1 285 kV·A），一个辅助绕组（400 V，490 kV·A）。

图5-30 牵引变压器

3）牵引变流器

采用 CI11 型牵引变流器（见图5-31），一个基本动力单元设置2台牵引变流器，全列车共配置4台牵引变流器，牵引变流器采用车下吊挂结构，冷却方式采用液体沸腾冷却。主电路采用3电平式结构，由脉冲整流器、中间直流电路、逆变器构成，不设2次谐波滤波装置和网侧谐波滤波器，牵引变流器采用脉宽调制方式（PWM）。中间直流电压为2 600 V~3 000 V（随牵引电机输出功率进行调整）。1台牵引变流器驱动4台并联牵引电机，牵引电机采用矢量控制进行调速。

图5-31 牵引变流器

4）牵引电动机

牵引电机采用 MT205（见图5-32），每辆动车设置4台牵引电动机，一个动力单元由两台动车组成，共计8台牵引电动机，全列车设置16台。牵引电动机为4极三相鼠笼式异步电动机，采用架悬、强迫风冷方式，通过弹性齿型联轴节连接传动齿轮。

受电弓通过电网接入25 kV的高压交流电，输送给牵引变压器，降压成1 500 V的交流电。降压后的交流电再输入牵引变流器，通过一系列的处理，变成电压和频率均可控制的三相交流电，输送给牵引电动机，牵引整个列车。动车组有两个相对独立的主牵引系统，两辆动车组成一个动力单元，正常情况下，两个牵引系统均工作，当一个牵引系统发生故障时，可以自动切断故障源，继续运行。

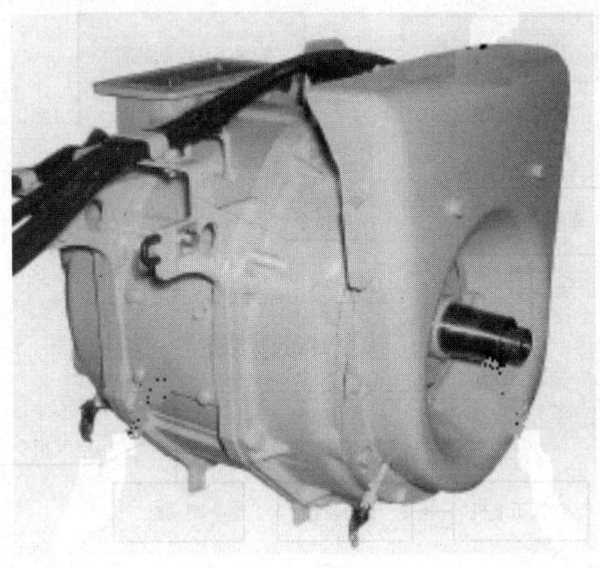

图5－32 牵引电动机

3. 制动系统

动车组制动系统有两套，一套是电制动，将牵引电机转换成发电机形式工作，即再生制动；另一套是空气制动，将电指令转换成空气指令送入制动缸起制动作用。当列车速度较高时，实施电制动，在低速时实施空气制动，制动方式转换均由微机系统控制完成。当司机通过司机台上的制动控制器实施制动指令时，制动电信号首先到达车辆计算机系统，再传入制动控制系统。制动控制系统根据列车速度，自动实施空气制动与电制动。

电制动系统的组成与牵引系统一致。空气制动系统由制动控制器、空气压缩机、干燥器、制动控制装置、制动缸及相关的电气和空气管路组成。制动系统列车布置图和制动系统工作原理示意图分别如图5－33和图5－34所示。

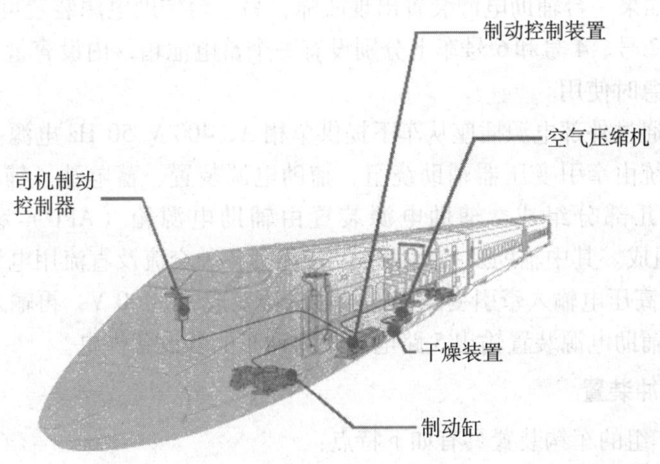

图5－33 制动系统列车布置图

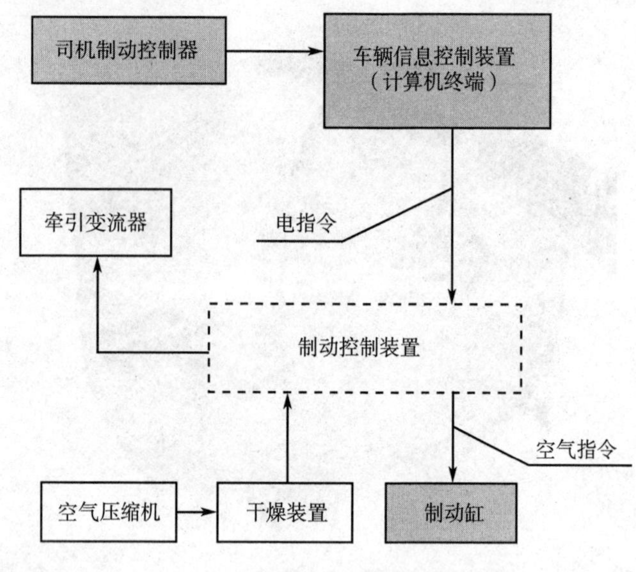

图 5-34 制动系统工作原理示意图

正常运行状况下，CRH2 采用常用制动、快速制动，使运行中的动车组能迅速地减速或停车，防止动车组在下坡道上增速或超速；停放制动采用铁靴方式（在坡道最上方位置的头车的前 3 轴中设置 6 个铁靴）来防止停放的动车组因重力或风力作用而溜坡。

从系统组成和类型来说，CRH2 制动系统采用复合制动模式，即再生制动 + 空气制动。空气制动采用微机控制的直通式电空制动。

4. 辅助供电系统

CRH2 型动车组在 1 号、0 号车分别设置一套辅助电源装置，其供电工作原理示意图如图 5-35 所示，为空气压缩机、照明、控制、广播、列车无线通信等设备提供电源。正常情况下，1 号、0 号车的辅助电源装置分别独立向前 4 辆和后 4 辆车厢提供三相 AC 400 V/50 Hz 电源。如果一台辅助电源装置出现故障，另一台辅助电源装置可通过扩展供电向整列车供电。在 2 号、4 号和 6 号车上分别设有一个蓄电池箱，内设容量为 100 A · h 的蓄电池组，可供紧急时使用。

动车组可以通过外部电源插座从车下提供单相 AC 400 V/50 Hz 电源。

辅助供电系统由牵引变压器辅助绕组、辅助电源装置、蓄电池、辅助及控制用电设备、地面电源等几部分组成。辅助电源装置由辅助电源箱（APU）和辅助整流器箱（ARF）两部分组成。其中辅助及控制用电设备包括各种交流及直流用电设备。

AC 25 kV 的高压电输入牵引变压器，经过降压变成 AC 400 V，再输入辅助电源装置，经过处理后，从辅助电源装置输出 5 路电源，为列车的各设备供电。

5. 车钩及缓冲装置

CRH2 型动车组的车钩装置具有如下特点：

① 动车组两端设全自动车钩；

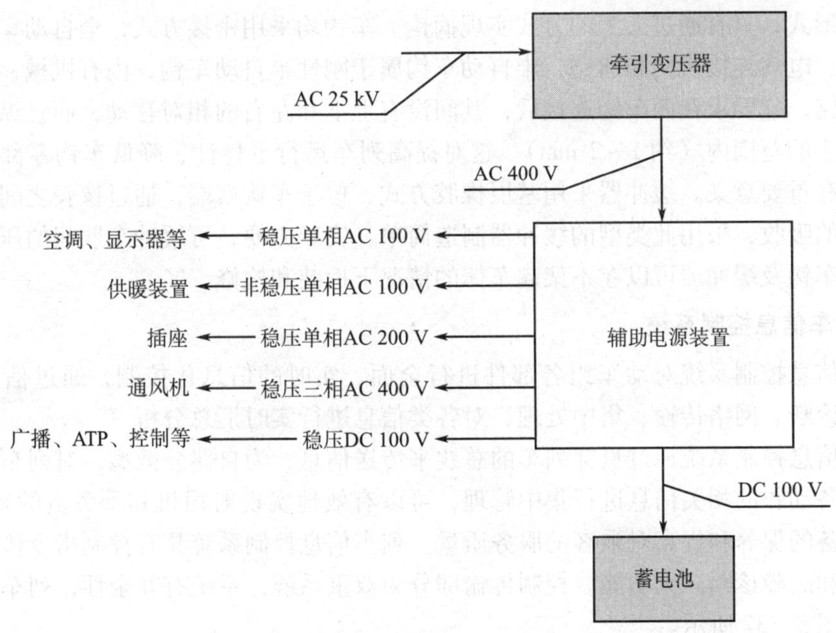

图5－35 辅助电源供电工作原理示意图

② 车辆间由半自动车钩联接；

③ 缓冲器为复式橡胶缓冲器，位于车钩后端；

④ 车钩及缓冲器可以在不架起车体的情况下拆装和检修。

CRH2 动车组两端设有全自动车钩，车辆间由半自动车钩联接，车钩装置如图5－36所示。动车组两端部车钩与中间车钩都带有气路自动连接装置，可直接实现车辆之间的气路连接。其中前头密接式车钩带有自动摘钩汽缸，可以实现自动摘钩与联挂，中间车钩为

图5－36 车钩装置

手动摘钩形式，只有通过人工的方式实现摘钩。车钩均采用密接方式，全自动车钩内有机械、空气、电气连接机构和通路，半自动车钩属于刚性半自动车钩，内有机械、空气连接机构和通路，它要求在两车钩连接后，其间没有上下和左右的相对移动，而且纵向间隙也限制在很小的范围内（约 1 ~ 2 mm）。这对提高列车运行平稳性、降低车钩零部件的磨耗和噪声均有重要意义。缓冲器采用基层橡胶方式，位于车钩后端，通过橡胶之间的压缩来实现能量的吸收，采用此类型的缓冲器制造简单，安装方便，可缓冲车厢间的压缩和拉伸的冲击。车钩及缓冲器可以在不架起车体的情况下拆装和检修。

6. 列车信息控制系统

列车信息控制系统对动车组各部件进行全面、实时的信息化控制，通过信息分散采集、远程诊断、网络传输、集中处理，对各类信息进行实时汇总分析。

列车信息控制系统通过贯穿列车的总线来传送信息，为自律分散型，对列车运行状况及车载设备动作的相关信息进行集中管理，可以有效地实现对司机和乘务员的辅助作用、加强对设备的保养和提高对乘客的服务质量。列车信息控制系统具有控制指令传输、设备状态监视和故障诊断三大功能。控制传输部分为双重系统，系统有冗余性，列车信息控制示意图如图 5－37 所示。

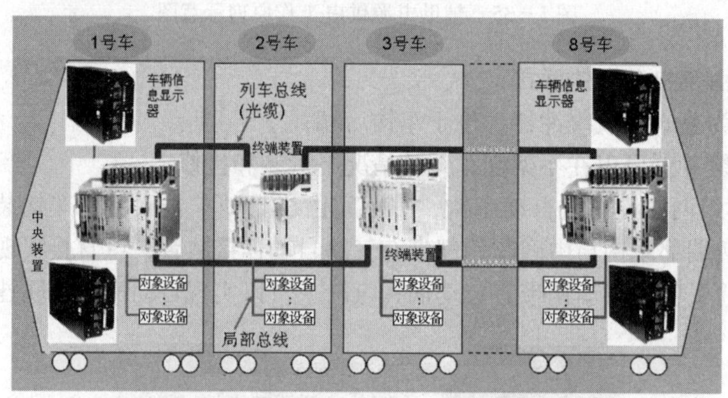

图 5－37　列车信息控制示意图

列车信息控制系统由中央装置、终端装置、列车信息显示器、车内信息显示器、显示控制装置、IC 卡读写装置等组成，可以记录、储存数据，实现车内信号传输和与地面系统的远程传输。头车中设置由控制传输部和监视器部组成的中央装置，具有列车信息管理和向列车终端装置传输数据的功能。各车辆分别设置一台终端装置，实现各车厢中车载设备的信息传输。列车信息控制系统的功能主要有：牵引控制、制动控制、系统安全联锁、动车组过分相控制、车门控制、空调控制、设备的开启/复位、显示灯/蜂鸣器控制、操纵台故障显示灯的控制、发生故障或异常时报警等。

7. 司机室

CRH_2 型动车组的司机室是指从气密隔墙至司机室后部通过台隔墙的区域。动车组两头车各设一个司机室，由前端司机室实施列车控制，后端司机室可用作乘务员室，两个司机室的设备布置相同，如图 5－38 所示。司机室设有司机席和助手席；在驾驶室后部设置了两组弹簧升降式座椅，供乘务员乘车时使用；在操作台上分别设有制动和牵引手柄，可以进行自动和手动驾驶，操作台正面有三个显示屏，分别有速度信息显示、运行信息显示和列车信息显示，其中列车信息反映的内容比较丰富，包括了列车车门、车内电气和牵引系统等设备的工作状态、有关旅客信息和维修故障信息等。在司机座位的左边有两台电话，一台可以与调度直接联系，以全线铺设的漏泄电缆实现无线通信，另一台可向列车广播。

图5－38 司机室

CRH2 型动车组司机室内部空间及设备布置充分考虑了司机视野、操作空间、舒适度等内容。为了便于瞭望，扩大视野，司机室采用高地板结构，以减小司机对枕木高速闪动的疲劳感。

CRH2 型动车组司机室安装设备较多。为了拓展空间，将机罩内部空间设计为设备舱，不经常操作的设备安装在设备舱内；同时采用非整体配电柜，使柜内安装尽量多的设备，以扩大司机操作空间。

8. 给排水和卫生系统

CRH2 动车组单号车设给排水系统和卫生系统，双号车仅设给排水系统。给排水系统由卫生间、小便间、洗脸间的给水设施及水箱装置、车下给水管路、车下排水系统、车上供水管路、多功能洗面器、温水箱、自动感应水阀等组成。

给水系统由水泵从水箱向各用水设施提供生活用水。水箱装置位于车下，与车底横梁通过安装座连接，水泵位于水箱装置的泵室内，水泵的控制部分安装于车上温水污物配电盘内。当车上用水时，供水管路内压力下降，水泵检测到压力下降和流量变化，自动启动，由车下向车上供水；用水完毕后，水泵检测到供水管路内压力达到设定值和流量小于设定值，水泵自动关闭。

卫生系统包括集便系统、玻璃钢盒子间、卫生设备附件三部分。其中集便系统包括座便器组成、小便器组成、污物箱组成及排污管路等。

便器（小便器和座便器）冲洗时，通过控制部件一系列动作，使冲洗水和污物依靠重力沿排污管进入污物箱。小便器位于车上三位角，小便器由内置控制单元检测光电感应冲洗信息，输出信号控制冲洗通路，依靠水泵供水压力，对小便器进行冲洗。便器位于二位端，分为端墙侧和客室侧两个座便器；座便器的冲洗由自带控制单元感受到光电感应冲洗信息，输出信号控制各电气控制回路、供水管路、供气管路的通断，通过气动水增压实现对便器完成冲洗。污物箱安装于单号车二位端车下，通过四个安装座与车体相连接，依靠重力接收来自便器的冲洗污物。

5.4 CRH3 动车组

CRH3 动车组是以西门子公司的 ICE3 型动车组为原型，通过全面引进设计制造技术，由唐山轨道客车有限公司在国内制造生产。

5.4.1 动车组的基本结构

1. 编组结构及车辆方位

CRH3 动车组为 8 节编组，采用 4M + 4T 动力分散式的动力配置，最高运行速度达 350 km/h。CRH3 型动车组采用交流传动系统，两端为带司机室的动力车，列车正常运行时由前端司机室操纵。

动车组包括 5 种不同的车，即端车（头车和尾车）、变压器车、变流器车、餐座合造车和一等车，各车型定义见表 5-9。

表 5-9　5 种不同车型的定义

定义	端车 01/08	变压器车 02/07	变流器车 03/06	餐座合造车 04	一等车 05
代号	EC 01/08	TC 02/07	IC 03/06	BC 04	FC 05

CRH3 动车组的结构示意图如图 5-39 所示。

图 5-39　CRH3 动车组的结构示意图

●—动力转向架；○—拖车转向架

由于动车组在前后左右方向都是接近对称的结构，为了区分各车结构相同或相近的零部件，对车辆进行科学的管理，动车组标记定位依照列车布局图和列车轴位定义，如图 5-40所示。

2. 车辆尺寸

动车组头车长度为 25.860 m，中间车长度为 24.825 m，总长约 200 m，车体宽度为 3.265 m，车体高度为 3.890 m。

3. 车顶设备

在 2 号、7 号车设受电弓及附属装置，受电弓工作高度最低 4 950 mm，最高 6 500 mm。

正常操作中只需要提升一个受电弓收集 AC 25 kV 交流电用于整个 8 节车厢装置即可，受电弓由压缩空气驱动。

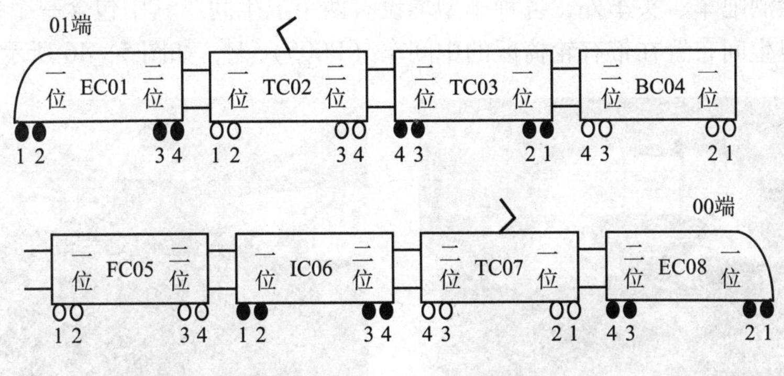

图 5-40 CRH3 动车组的标记定位

4. 车端设备

设自动车钩缓冲装置、风挡及电气连接、压缩空气连接设施等，包括高、中和低压供电连接、控制和通信连接、列车管空气管路的连接、总风管空气管路连接和车钩解钩空气管路连接。

5. 车下悬吊设备

每辆车车下有制动装置、防滑系统和空气弹簧，除了头车（EC01、EC08）和餐车（BC04）以外，其他车辆车下有污水箱，餐车（BC04）下有泵水装置、供排水管路，在 EC01/08、IC03/IC06 车下有牵引变流器、牵引电动机，在 TC02/07 车下有牵引变压器、单辅助变流器、辅助压缩机单元，在一等车（FC05）和餐车（BC04）下有双辅助变流器、充电机、蓄电池。

6. 车内布置

CRH3 动车组采用八辆编组方式。分为 EC01/EC08，TC02/TC07，IC03/IC06，BC04，FC05 五种车型，按座椅布置的不同可分为头车、一等车、二等车、座车和餐车的合造车。如图 5-41 所示。

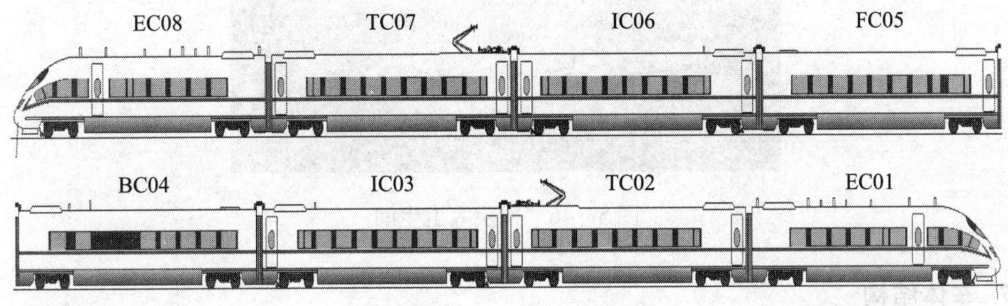

图 5-41 CRH3 动车组编组

客室包括头车休闲区（见图 5-42）、一等车客室（见图 5-43）和二等车客室（见

图5－44）。一等车客室座椅采用“2+2”布置，二等车客室座椅采用“2+3”布置。餐饮服务区设有立式靠座，酒吧立桌、吧台等设施，如图5－45所示。

全列车除酒吧车、头车外，各种车型均设有两个卫生间。其中包含一个残疾人专用卫生间，这种卫生间布置在带有轮椅区的中间车（FC05）上，如图5－46所示。

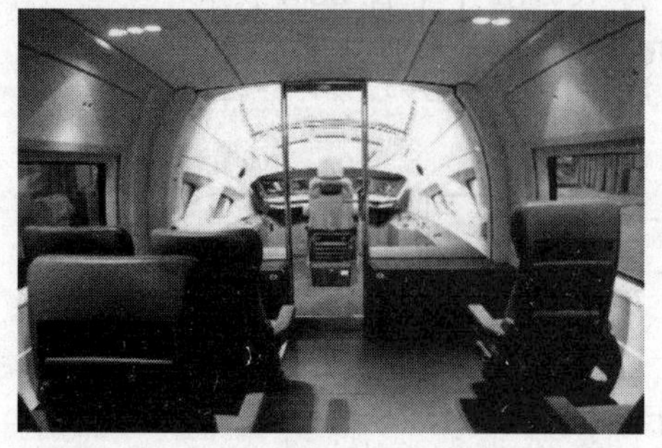

图5－42　CRH3动车组头车休闲区

图5－43　CRH3动车组一等车客室

图5－44　CRH3动车组二等车客室

图5－45　CRH3动车组酒吧车

图5－46　残疾人卫生间

7. 车体结构

车体承载结构采用车体全长的大型中空铝合金型材组焊而成，由底架、侧墙、车顶、端墙及设备舱组成为一个整体。头车还设有司机室，一旦撞车，头车的车体结构能够给司机提供一个安全空间，车体在挡风玻璃以上的区域能够承受300 kN的力。

5.4.2 主要部件、系统的组成及工作原理

1. 转向架

CRH3 高速动车组转向架分动力转向架（简称 M）和非动力转向架（简称 T）两种类型。两种转向架不可互换，但其结构型式基本一致。

动力转向架（见图 5－47）主要由一系悬挂装置及轮对、轴箱定位装置、二系悬挂装置及牵引装置、抗测滚扭杆装置、枕梁、驱动装置、基础制动装置、轴温报警装置、接地回流装置、撒砂装置、ATP 信号接收系统和轮缘润滑系统（列车头尾部动力转向架）等组成。

非动力转向架的结构如图 5－48 所示，主要由一系悬挂装置及轮对轴箱定位装置、二系悬挂装置及牵引装置、抗测滚扭杆装置、枕梁、停放储能制动装置、基础制动装置、轴温报警装置、接地回流装置和速度传感器装置等组成。

枕梁的功能是连接车体与转向架。枕梁由钢板焊接成箱型结构，牵引力的传递依靠牵引中心销装置和枕梁与构架之间的牵引拉杆装置来完成，同时作为二系悬挂空气弹簧气动系统的附加空气室。空气弹簧与附加空气室之间设有可变阻尼的节流阀，节流阀阻尼的大小可随振动的大小而变化，从而能使衰减振动的效果更好。

车体与转向架间采用双牵引拉杆的牵引装置，传递牵引力和制动力。牵引装置成“Z”型连接，由一个均衡梁、两个带有弹性关节的牵引拉杆组成。转向架与车体枕梁通过中心销连接，铸钢制成的中心销通过螺栓与枕梁固定。

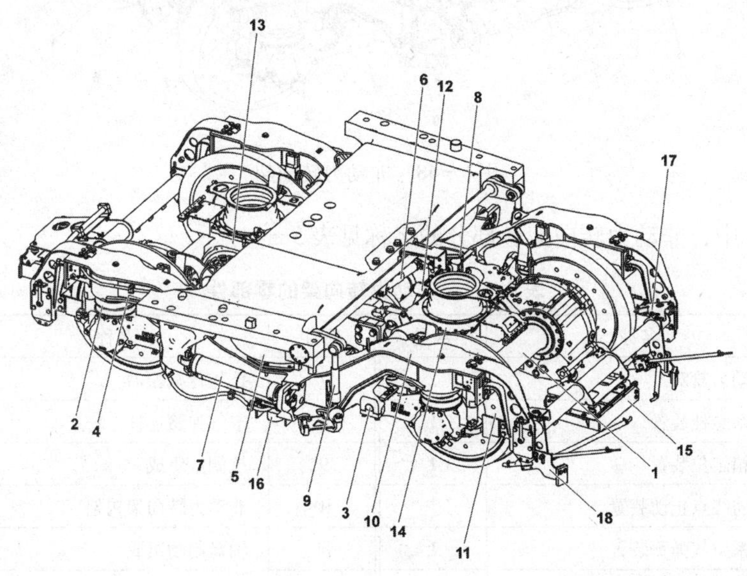

图 5－47 动力转向架

图 5－47 中各部件的名称见表 5－10。

表 5－10 动力转向架的零部件

项目	名称	数量	项目	名称	数量
1	动力轮对	2	10	动力转向架构架	1
2	一系悬挂装置	1	11	轮盘制动组成	1
3	轴箱定位装置	1	12	牵引拉杆组成	1
4	横向终点止动装置	1	13	牵引电动机组成	1
5	二系空气弹簧装置	1	14	牵引电动机通风装置	1
6	二系横向液压减振器	1	15	天线组成	1
7	抗蛇行减振器	1	16	感应接收器装置	1
8	空气弹簧连杆	1	17	轮缘润滑组成	1
9	抗侧滚装置	1	18	撒砂和排障器	1

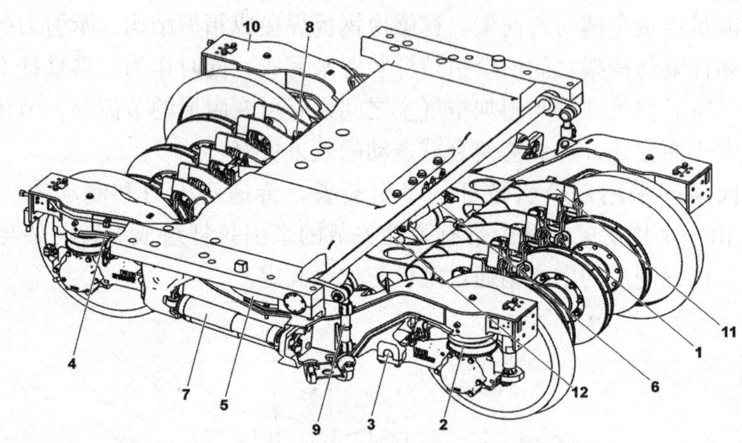

图 5－48 非动力转向架

图 5－48 中，非动力转向架各部分的名称见表 5－11。

表 5－11 非动力转向架的零部件

项目	名称	数量	项目	名称	数量
1	非动力轮对	2	7	抗蛇行减振器	1
2	一系悬挂装置	1	8	空气弹簧连杆	1
3	轴箱定位装置	1	9	抗侧滚组成	1
4	横向终点止动装置	1	10	非动力转向架构架	1
5	二系空气弹簧装置	1	11	轴盘制动组成	1
6	二系横向液压减振器	1	12	牵引拉杆组成	1

2. 牵引系统

牵引系统主要由受电弓、主断路器、牵引变压器（见图 5－49）、牵引变流器（见图

5－50）及牵引电动机（见图5－51）组成。每列动车组的牵引系统由两个牵引单元组成，1、2、3、4 车为一个动力单元，5、6、7、8 车为一个动力单元。牵引传动装置利用交-直-交传动技术，采用 AC 25 kV 接触网供电。

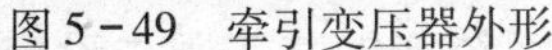

图5－49 牵引变压器外形

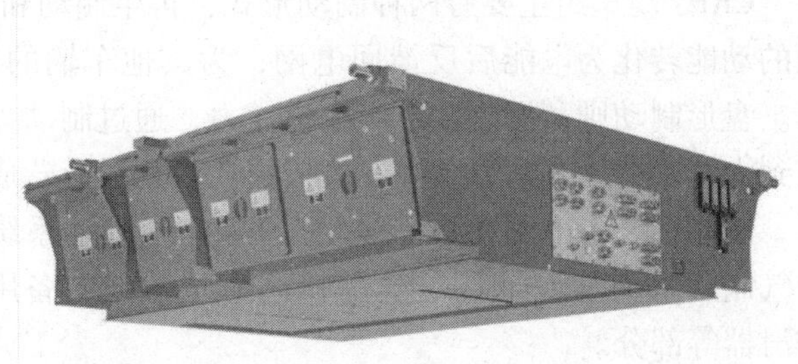

图5－50 牵引变流器箱

一个牵引单元的牵引主电路设备主要由 1 个受电弓、1 个牵引变压器、2 个牵引变流器、8 个牵引电动机和 2 个牵引控制单元（TCU）组成。每个牵引电动机带有一套机械传动装置（包括齿轮箱、联轴节）。

每辆动车组都由两个对称的牵引单元组成，它们用一根车顶线（高压线）相连。每列动车组的牵引功率为 8 800 kW，再生制动时为 8 000 kW。动车组牵引系统的组件分布在以下车上，对称地位于两个牵引单元中，各辆车安装的牵引装置如下：

① EC01 / EC08

• 牵引变流器（TC），带冷却装置（CLT）

• 牵引电动机（TM）和齿轮装置

② TC02 / TC07

• 变压器（TF），带冷却装置（CLF）

③ IC03 / IC06

• 牵引变流器（TC），带冷却装置（CLT）

• 牵引电动机（TM）和齿轮装置

④ BC04 / FC05

• 限压电阻器（RMUB）

图5－51 牵引电动机实物图

主电路主要由网侧高压电器、牵引变压器、牵引变流器和牵引电动机等组成。主电路设备主要包括：牵引变压器及其冷却系统、牵引变流器及其冷却系统、牵引电动机及传动装置、限压电阻、高压电器等。

架设在 TC02 车顶的受电弓从接触网接收 AC 25 kV 的交流电，然后通过布设在车顶和车端的高压电缆将电能输送到装在 TC02 车下的牵引变压器，变压器的副边感应出 4 ×1 550 V 的电压并通过车辆间的连接馈线到设在动车车下的变流器单元。变流器单元内部的四象限斩波器将 1 550 V 的交流电整流为 2 700 ~3 600 V 的中间直流电压。中间直流电压通过 PWM 变频单元向牵引电动机提供变压变频（VVVF）的三相交流电。其中，限压电阻接在中间直流电路的两极，防止出现过高电压；辅助变流器的输入也取自中间直流环节。

3. 制动系统

在列车施加制动时，制动系统会控制车辆的制动装置，将车辆的动能转化为电能或热能，保证车辆的安全。

CRH3 动车组主要有两种制动形式：再生制动和空气（盘形）制动。再生制动可将车辆的动能转化为电能后反馈回电网，为其他车辆的运行提供能源，大大降低车辆运营成本。盘形制动则利用制动缸产生机械力，通过制动盘与闸片的摩擦，将动能转化为热能消散到大气中；该制动方式存在机械损耗，相对运营成本较高。

制动系统由电制动系统（动车）、空气制动系统、防滑装置和制动控制装置等组成。空气制动系统包括直通式电空制动系统、自动式备用空气制动系统、基础制动装置和电子防滑器等部分。

CRH3 动车组采用电空联合制动模式，电制动优先。正常情况下制动系统的控制是通过每个司机台上制动控制器的手柄或 ATC 装置进行，制动系统能够基于预先设定（由制动控制器手柄的位置或者由信号系统进行定义）的制动模式曲线控制列车的减速或者停车。

CRH3 动车组使用的空气制动系统包括直通式空气制动系统和自动式空气制动系统。直通式空气制动系统（见图 5－52）采用电子控制，通过列车网络传递制动信号，由制动控制单元 BCU 实现制动力的管理，可按制动模式曲线控制列车减速或停车。安装在每节车上的微机制动控制单元负责执行本车的制动控制功能，包括接收和处理制动控制手柄或信号系统发出的制动指令，以及其他用于列车制动控制的重要信息。制动控制系统遵守故障导向安全原则，当出现影响行车安全的故障时，会自动实施紧急制动停车。在正常情况下，CRH3 动车组的空气制动是微机控制的直通式电空制动，直通电空制动系统不能正常工作时，通过手动转换，可启动备用的自动空气制动系统。

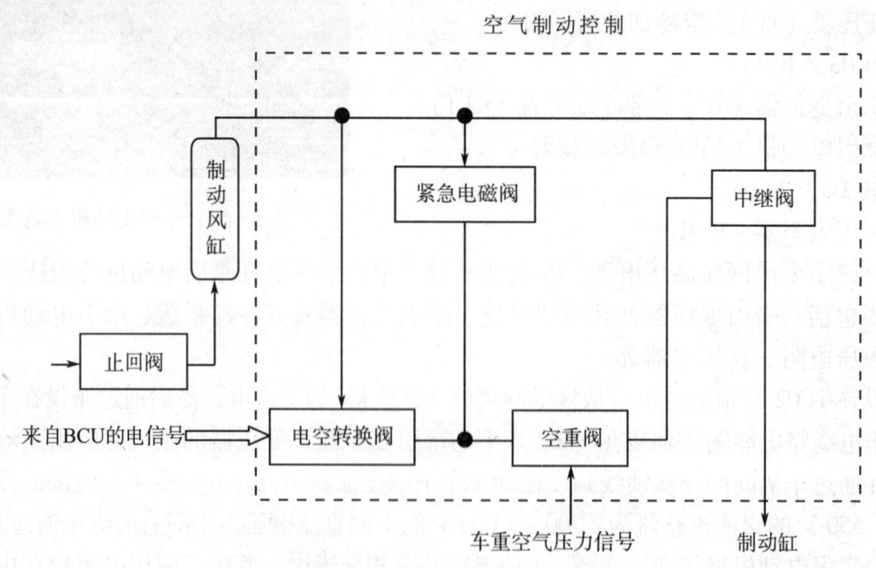

图 5－52　直通式空气制动系统原理图

在利用机车进行救援或回送时，动车组使用备用的自动空气制动系统，此种制动模式不依赖于车辆的网络及电气控制，而是通过制动管的压力变化控制车辆制动力的施加和缓解。制动系统的设计遵循“故障导向安全”原则。为此，CRH3 动车组列车设有贯通整列车的硬线安全环路，主要有：停放制动监测回路、制动不缓解监测回路、转向架监测回路、旅客紧急制动回路、紧急制动回路等；它们与制动控制系统相连，可完成对车辆关键功能及部件状态的监测，以确保车辆的运行安全。

制动系统可实现多种制动方式：紧急制动、常用制动和停放制动等。

4. 辅助供电系统

辅助供电系统主要为车载设备提供交流或直流电源，其原理图如图 5-53 所示，辅助供电系统由牵引变流器的中间直流电路、单辅助变流器（ACU）、双辅助变流器（D-ACU）、充电机、蓄电池、辅助及控制用电设备、地面电源等几部分组成。其中，辅助及控制用电设备包括各种交流及直流用电设备，核心电源设备为辅助变流器。

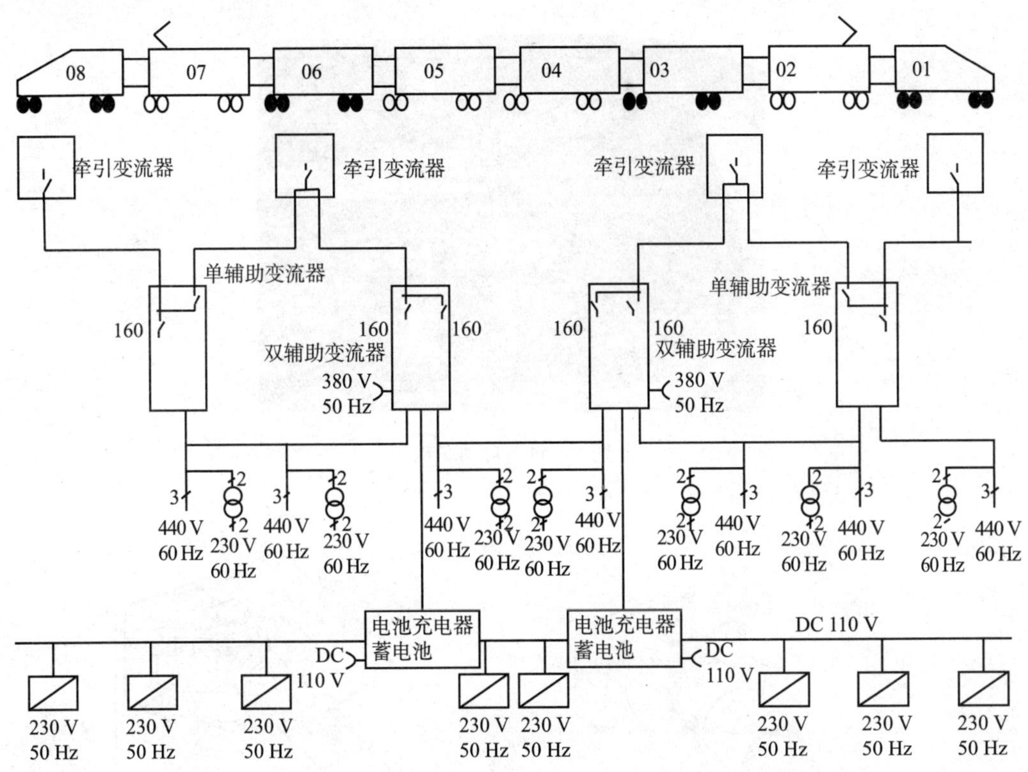

图 5-53　辅助供电系统原理图

交流 25 kV 高压电由设置在 TC02、TC07 车上的牵引变压器降压为 1 550 V 后，作为每辆动车的牵引变流器的输入，辅助变流器将牵引变流器的中间直流电压 DC 3 000 V 变换成为三相交流 440 V/60 Hz 作为输出，向列车交流母线供电。单辅助变流器安装在变压器车（TC07/ TC02）下，双辅助变流器安装在一等车（FC05）和餐车（BC04）车下。

直流供电采用 110 V 电压制式，动车组设有 2 组容量为 300 A·h/110 V 的蓄电池组和两台充电机，充电机、蓄电池安装在一等车（FC05）和餐车（BC04）下。

当一个单辅助变流器或一个牵引变流器故障时，交流供电母线由其余的辅助变流器供电。当双辅助变流器中的一个辅助变流器单元故障时，另一个单辅助变流器单元能够继续工作。当一个单辅助变流器或一个牵引变流器故障时，不会减少供电。当两个单辅助变流器故障或一个双辅助变流器故障时，只减少与旅客舒适性相关的负载（空调或部分取暖）。每个牵引单元的一部分负载由 BN1（电池常规供电 1）供电，另一部分负载由 BN2（电池常规供电 2）供电，当一个充电机故障时，另一个充电机负责向所有的直流负载供电。还有一部分特别重要的负载（如应急照明、列车广播、无线电）等采用 BD（电池直接供电）供电。

5. 车钩及缓冲装置

CRH_3 动车组的车钩缓冲装置主要分为三种：即用于动车组两端的自动车钩（见图 5-54）、用于动车组车辆之间的半永久车钩（见图 5-55），以及紧急情况下用于车组救援使用的过渡车钩（见图 5-56）。

图 5-54　自动车钩

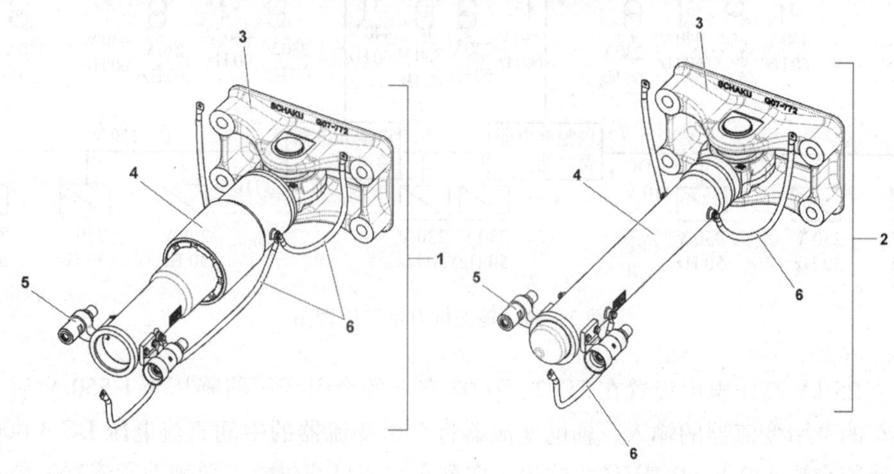

图 5-55　两种半永久车钩

1—柔性半永久车钩；2—刚性半永久车钩；3—轴承座；4—钩身；5—风管连接；6—接地线

自动车钩缓冲装置由机械头（又称为车钩头）、电气连接器和气路连接器等主要部件组成。机械头部分设于自动车钩的钩头中央，电气连接器分设在左右两侧，中心轴线上下方设有气路连接器。同时，自动车钩头部的前表面和电气连接器中都装有加热器。当外界温度低于5℃时，加热器启动。缓冲装置（又称为车钩缓冲器或吸能装置）满足当 CRH_3 型动车组以小于5 km/h 的速度联挂时，对另一组处于静止且制动状态下的 CRH_3 型动车组所带来的冲击一般不会导致车钩和车体的永久变形。自动车钩包含一个环簧缓冲器作为可恢复能量吸收器，超过环簧缓冲器吸收能力的能量会被分散到车钩牵引杆内的变形管中，这时，车钩牵引杆的变形管将产生永久塑性变形。

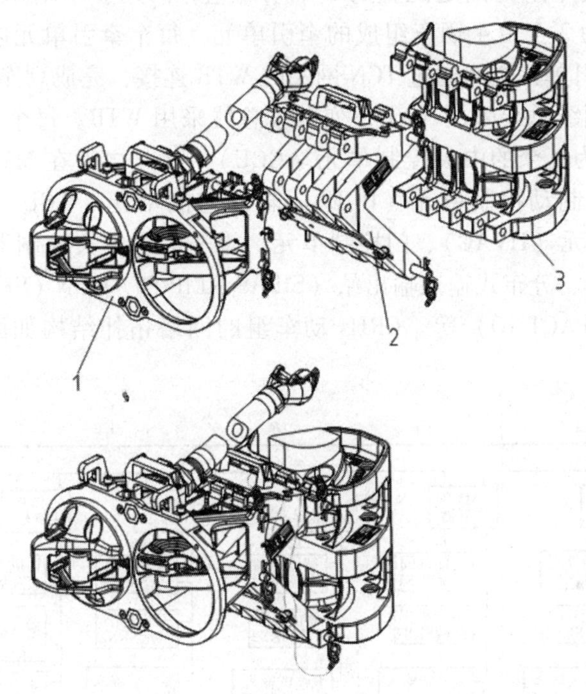

图5-56　过渡车钩

1—夏芬伯格 O 型转接器车钩；2—车辆高度转接器；3—AAR 型车钩钩头

动车组除在两头车外侧装设自动车钩外，其余车厢连接处均使用两个半永久车钩相连，其中一个半永久车钩带有缓冲器，另一个没有。两个半永久车钩通过车钩卡环连接在一起，此种连接方式刚性好、无松脱、安全性高，可以满足 CRH_3 型动车组的垂直曲线运动、水平曲线运动以及两连接车辆间的相对旋转运动。车钩牵引杆配备能量吸收装置，一般称该装置为缓冲装置或车钩缓冲器，可在超出给定断开力的情况下分散能量（如受到冲击和碰撞时）。该设备包括一个气-液缓冲器和一个摩擦弹簧缓冲器，它们相结合用于缓和车辆间的纵向冲击和振动，吸收冲击能量。

过渡车钩是一个由三部分构成的车钩。第一部分是夏芬伯格 10 型转接器车钩；第二部分是不同高度的过渡部分，用于保证1 000 mm 同880 mm 之间的过渡；第三部分则是中国车钩（AAR 型号）钩头，用于保证同国内机车车钩连接，其结构如图5-56所示。

过渡车钩可以使装有中国标准型车钩的机车在紧急情况下能够牵引 CRH3 动车组。过渡车钩是车组的一个永久性零件，放置在一等车 FC05 的地板下方，且分解成三部分，使用时按规定步骤组合在一起。

6. 列车通信网络系统

CRH3 型动车组的通信网络系统是实现整个动车组功能的关键，同时也是其监控和诊断的核心。列车通信网络（TCN），是一个分为两级的通信网络，由列车总线 WTB 和车辆总线 MVB 组成，均为两路冗余。

一列 CRH3 型动车组为固定配置的 8 车动车组，两列 8 车动车组联挂成一列长编组。8 车动车组分为 2 个由 4 辆车组成的牵引单元，每个牵引单元内用 MVB 贯穿单元内 4 辆车，两个牵引单元之间通过 TCN 网关的 WTB 连接，完成列车级信息的传递，即 CRH3 型动车组车辆级总线采用 MVB，列车级总线采用 WTB。每个牵引单元内的 MVB 网段均设有两个互为冗余的中央控制单元（CCU），除此之外在 MVB 网段上还有牵引控制单元（TCU）、制动控制单元（BCU）、辅助控制单元（ACU），以及充电机单元（BC）、空调控制单元（HVAC）、门控制单元、旅客信息中央控制器（PIS—STC）、人机显示接口（MMI）、分布式输入输出站（SIBAS KLIP STATION（SKS））和紧凑式输入输出站（MVB COMPACT IO）等。CRH3 动车组的网络拓扑结构如图 5 - 57 和图5 - 58 所示。

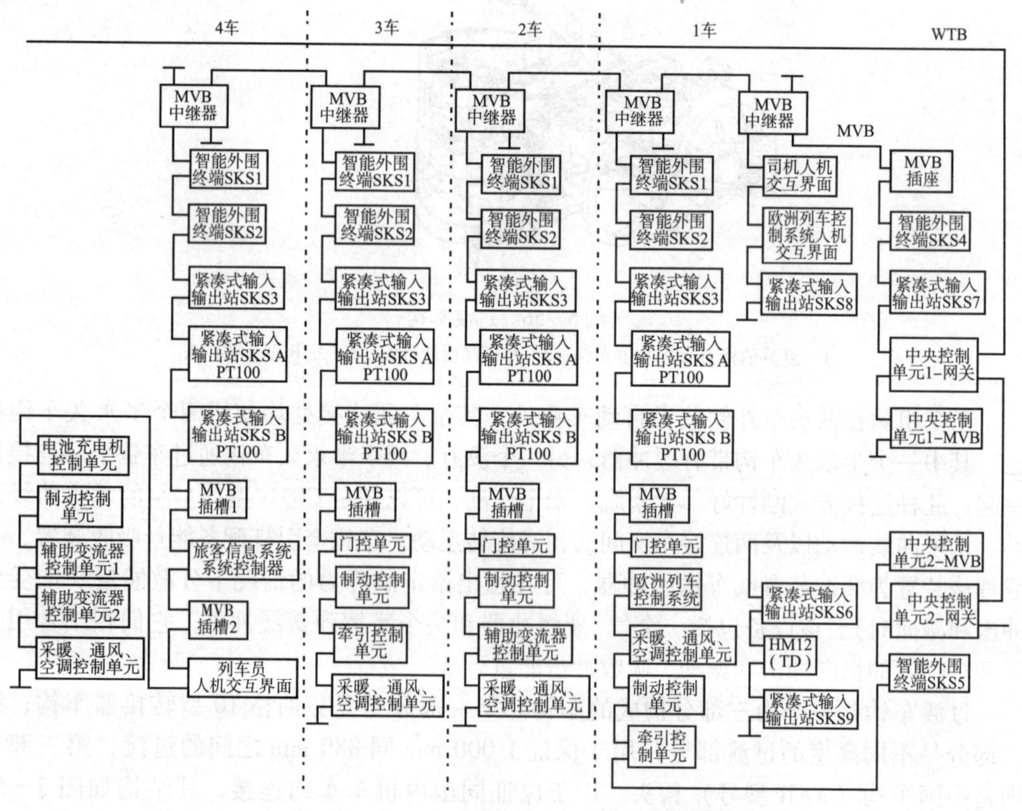

图 5 - 57　CRH3 动车组 1 ~ 4 车网络拓扑结构

维修信息主要通过动车组的诊断系统提供给列车工作人员和维修人员，整个网络控制的诊断系统集成在司机和乘务员 MMI 中，称为“动车组中心诊断系统”。维修信息可通过 MMI 显示出来，并可通过无线通信接口传输或服务接口下载，供相关人员参考和利用。每个司机室的两个 MMI 之间可通过专用的以太网在必要时进行通信。与 MVB 没有直接接口的子系统，可用 I/O 模块（SIBAS-KLIP）和中心 EMU 诊断中的中央控制单元进行读取。

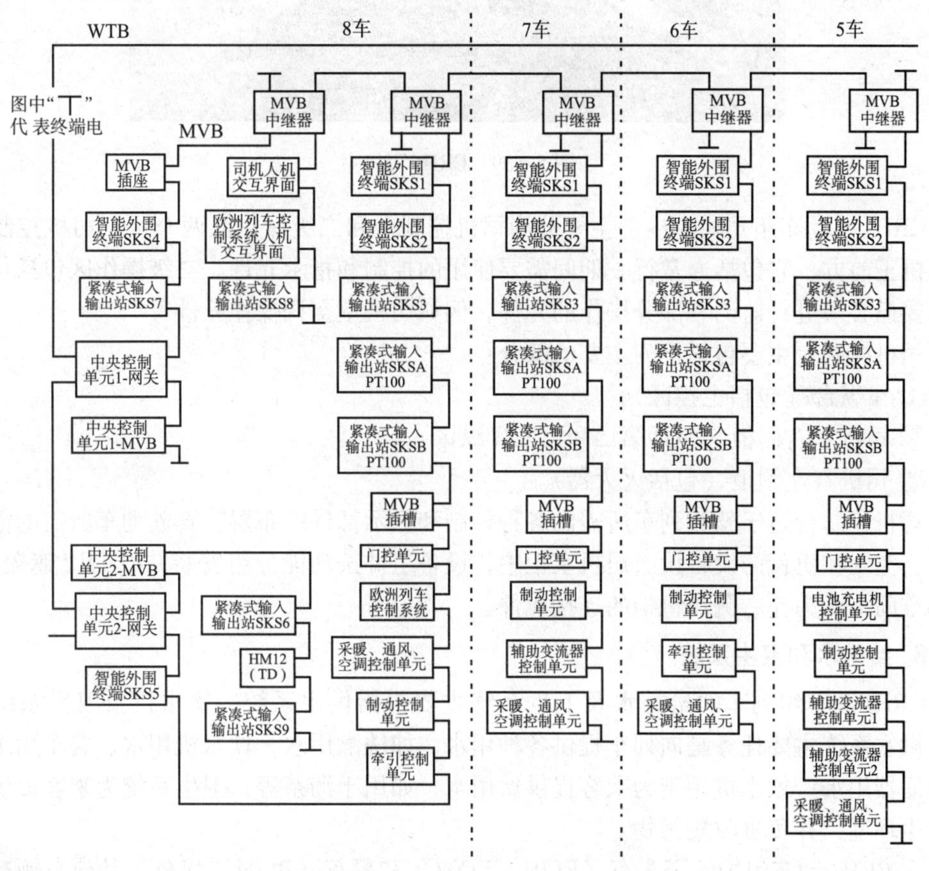

图5－58　CRH3 型动车组5～8车网络拓扑结构

7. 司机室

CRH3 型动车组为8车编制的动车组，在头车 EC01 和 EC08 上各设一个司机室，两端的司机室具有相同设置与功能。CRH3 动车组司机室车体采用了新型的板梁结构，由六部分组成，即司机室前端、司机室后框、司机室左侧墙、司机室右侧墙、司机室车顶和司机室前窗玻璃安装框。司机室设计为单人驾驶模式，司机操纵台在中央（如图5－59所示）。司机室的设置遵行 UIC 651 标准，符合现代的人机工程学设计原则。

图 5－59　CRH3 司机室

CRH3 型动车组司机室内部主要分为司机控制台和二级操作区两个区，司机控制台位于司机正前方，它包括通常行驶期间需要使用的控制和指示元件。二级操作区包括行驶时不需要但必须进行监测和部分操作的元件，例如司机室空调操作元件等。

司机控制台主要包括下列主要的部分：

① 操纵台（包括主控区）；

② 司机室右侧柜（包括第二和第三操纵区）；

③ 司机室左侧柜（包括灭火器）。

司机控制台适于驾驶列车所需的各种控制和显示部件的布置，驾驶列车所需的电子和电气、空气和机械的设备设于司机室柜中，设备组件按功能分组安装并有 FRP 遮盖元件，脚部空间单元为左右侧司机柜的连接元件。

8. 给排水和卫生系统

CRH3 动车组列车的给排水及卫生系统主要包括供水系统、饮水机及卫生系统三部分。供水系统主要任务是向列车提供各种用水，如洗漱用水、饮水机用水、餐车用水和冲洗集便器用水。饮水机用于为乘客提供饮用水，如用于沏茶等；卫生系统为乘客提供舒适的卫生环境，并负责收集污物。

在 CRH3 动车组中除了头车（EC01、EC08）和餐车（BC04）以外，其他车辆都提供了卫生设施。每列车共有 10 个卫生间，其中包含一个残疾人专用卫生间，残疾人专用卫生间布置在带有轮椅区的中间车（FC05）上。头车（EC01、EC08）、餐车（BC04）设一个净水箱和一个电热开水炉。其他车辆设两个卫生间、一个电开水炉、一个净水箱和一个污物箱。

供水系统由注水系统、水箱、供水管路、液位显示装置和防冻排空管路组成。CRH3 动车组的供水系统分别采用了压力供水和重力供水两种供水方式。重力供水方式的水箱处于高点，利用液位高度差产生的压力实现供水。压力供水方式则是通过泵水系统产生的压力实现供水。餐车 BC04 采用了压力供水方式，其他车均采用重力供水方式。

八节编组的 CRH3 型动车组中装有 10 套卫生间模块，包括以下三种结构形式：

- 标准卫生间模块，右侧，每列 4 间；
- 标准卫生间模块，左侧，每列 5 间；
- 通用卫生间模块（残疾人卫生间模块），每列 1 间。

标准卫生间模块以双组件（左侧和右侧）形式装配在 TC02/07 变压器车和 IC03/06 中间车（C 位）上；由一个标准卫生间和一个通用卫生间组成的卫生间组件装配在一等车 FC05 上，端车和中间车 BC04 不设卫生间。每一个双组件卫生间模块均配有一个污水箱。

每套卫生间均采用自承载、轻量型结构，包括地板、墙板、门、顶板等框架设施和装配在内的各种卫生设备。

5.5 CRH5 动车组

CRH5 电动车组是以 ALSTOM 公司的 SM3 型动车组为原型，通过全面引进设计制造技术，由长客股份公司在国内制造生产。

5.5.1 动车组的基本结构

1. 编组结构

动车组由 8 辆车组成，包括 5 辆动车和 3 辆拖车；首尾车辆设有司机室，可双向驾驶，编组后结构示意图如图 5－60 所示，车辆及列车的方向标识如图 5－61 所示。

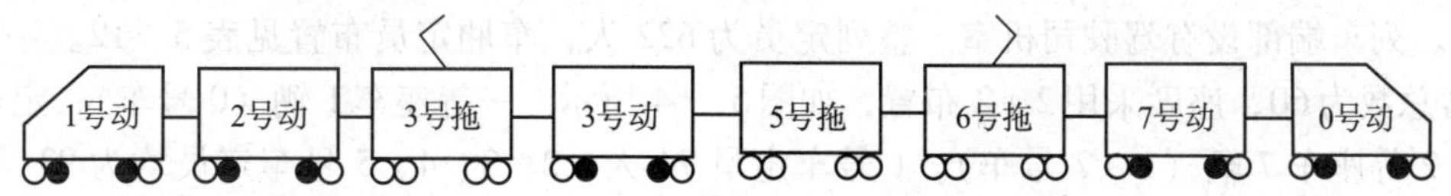

图 5－58　CRH5 型动车组结构示意图

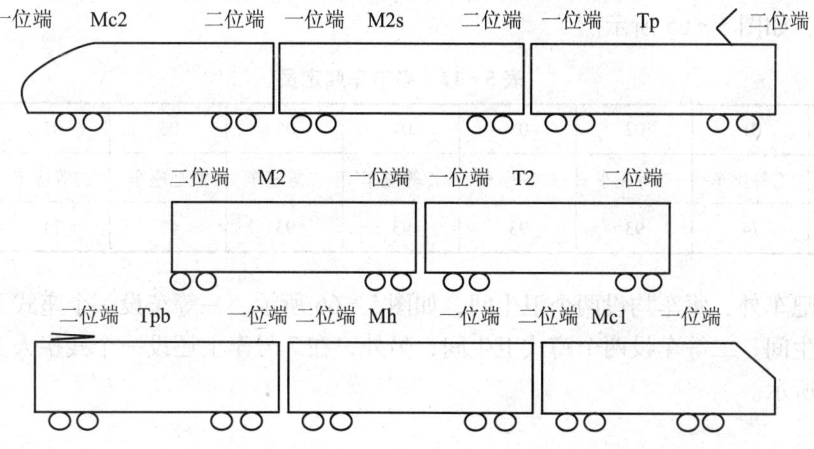

图 5－61　CRH5 动车组车辆及列车的方向标识

2. 车辆尺寸

动车组头车长度为27.6 m，中间车长度为25 m，总长度为211.5 m，车体宽度为3.2 m，车体高度为4.27 m。

3. 车顶设备

每车车顶均设有空调机组，在每个动车（1、2、4、7和0号车）的车顶还设有制动变阻器，在3号和6号车设受电弓及附属装置，受电弓工作高度为5 300 ~6 500 mm，动车组正常运行时，采用单弓受流，另一台受电弓备用，处于折叠状态。

4. 车端设备

CRH5型动车组设密接式车钩缓冲装置、折棚风挡及空气和电气连接设施等，包括：列车通信控制总线连接、制动控制线连接、AC 380 V列车供电母线连接、DC 24 V直流供电母线连接、列车制动管和总风管、主电路电气设备的电缆连接、车顶高压电缆连接。

5. 车下悬吊设备

每辆车车下有净水箱、污物箱、蓄电池、充电机、制动装置和空气弹簧辅助气室等，在1、2、4、7和0号车下有牵引和辅助变流器、牵引电动机，在3号和6号车下有牵引变压器，在6号车下还有酒吧车冷藏柜压缩机。动车车下设备布置如图5－62所示，拖车车下设备布置如图5－63所示。

6. 车内布置

CRH5动车组采用五动三拖的八辆编组方式。其中一等车1辆，各种不同类型二等车7辆。列车端部设有驾驶司机室。整列定员为622人，车厢定员布置见表5－12。一等车座席总数为60，座席采用2+2布置，如图5－64所示。一等座车1辆（0号车），定员60人。2等座车7辆（1~7号车）。1号车定员74人，2、3、4、5号车定员均为93人，6号车带酒吧，定员42人，7号车带残疾人卫生间，定员74人。一等车座椅采用2+2布置方式，二等车座椅采用2+3布置方式，座椅之间不设扶手。带酒吧的二等座车设配餐区和吧区，如图5－65所示。

表5－12　各节车厢定员

车厢顺位	01	02	03	04	05	06	07	00
席　　别	二等座车	二等座车	二等座车	二等座车	二等座车	酒吧座车	二等座车	一等座车
定　　员	74	93	93	93	93	42	74	60

除酒吧车外，每车均设两个卫生间，如图5－66所示。一等车设一个座式卫生间和一个蹲式卫生间，二等车设两个蹲式卫生间，另外，在7号车上还设一个残疾人卫生间，如图5－67所示。

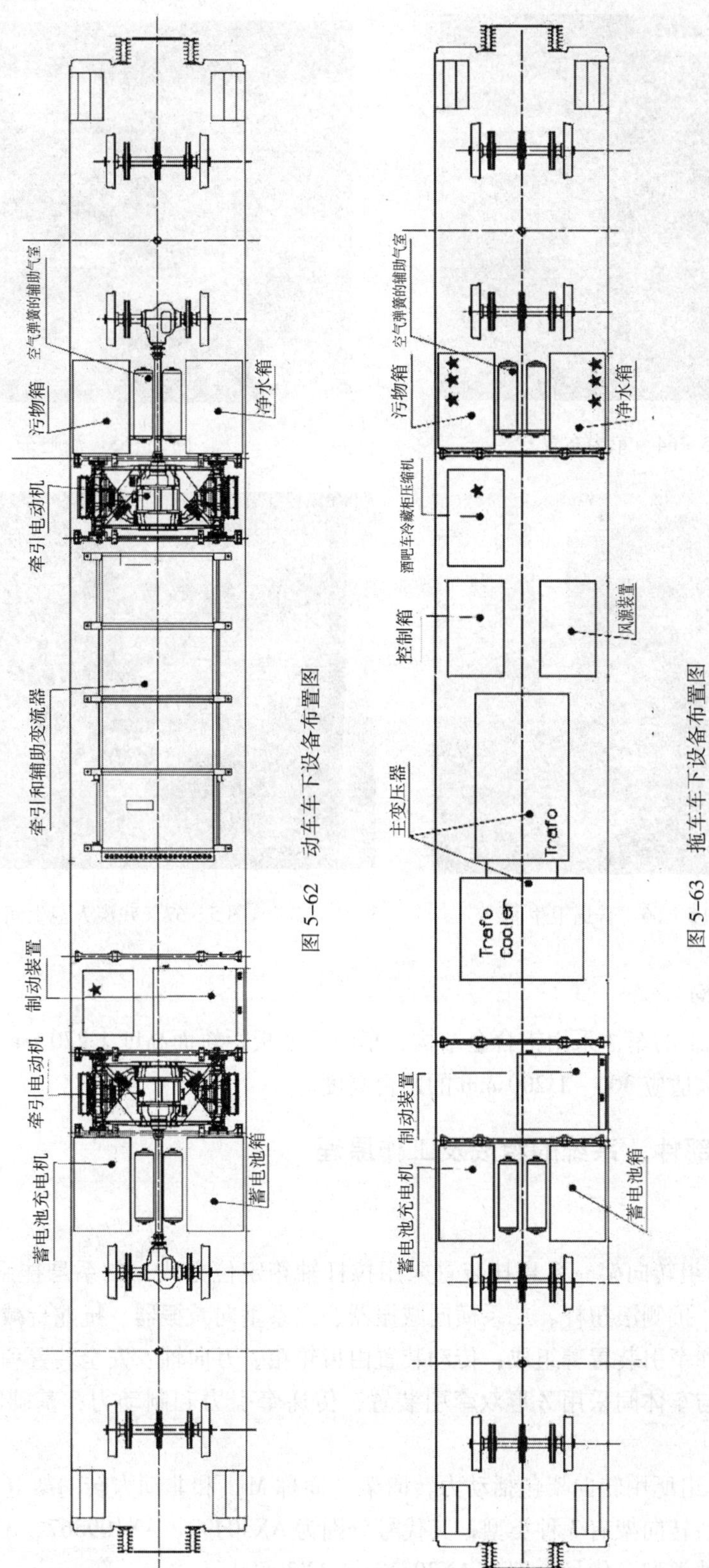

图 5-62 动车车下设备布置图

图 5-63 拖车车下设备布置图

图 5-64　车内布置

图 5-65　酒吧车

图 5-66　普通卫生间

图 5-67　残疾人卫生间

7. 车体结构

CRH5 动车组的车体采用铝合金结构，车门处地板距轨面高度 1 270 mm，并设有翻板脚蹬装置，可以适应 300 ~ 1 200 mm 的站台高度。

5.5.2　主要部件、系统的组成及工作原理

1. 转向架

CRH5 动车组转向架一系悬挂装置采用拉杆轴箱定位方式，二系悬挂系统由上枕梁、空气弹簧系统、抗侧滚扭杆、二系横向减振器、二系垂向减振器、抗蛇行减振器、防过充装置、横向挡和牵引装置等组成；传动装置由齿轮箱、万向轴、安全装置和体悬式电动机组成。转向架与车体间采用 Z 形双牵引装置，传递牵引力和制动力；基础制动采用轴盘制动。

CRH5 动车组所用转向架包括动力转向架（简称 M）和非动力转向架（简称 T）两种形式，其中动力转向架有 3 种类型，其代号分别为 AX30499、AX109567、AX30500；非动力转向架有 2 种类型，代号分别为 AX30513 与 AX30500。

动车组动车装有两个动力转向架，拖车装有两个非动力转向架。动力转向架如图5－68所示，动力转向架由焊接构架、一系悬挂及轮对轴箱定位装置、牵引装置、基础制动装置、二系空气弹簧悬挂装置、驱动装置（齿轮箱、万向轴等）、抗侧滚扭杆装置、上枕梁、停放储能制动装置、基础制动装置、轴温报警装置、接地回流装置、撒沙器、ATP信号接收系统和轮缘润滑系统（列车头尾部动力转向架）等组成，每台动力转向架有一根动力轴，电动机采用体悬式，另外一根轴与拖车转向架相同。拖车转向架的构架组成、轴箱定位、基础制动、二系悬挂和动力转向架的结构基本一致，只是没有齿轮箱驱动装置。

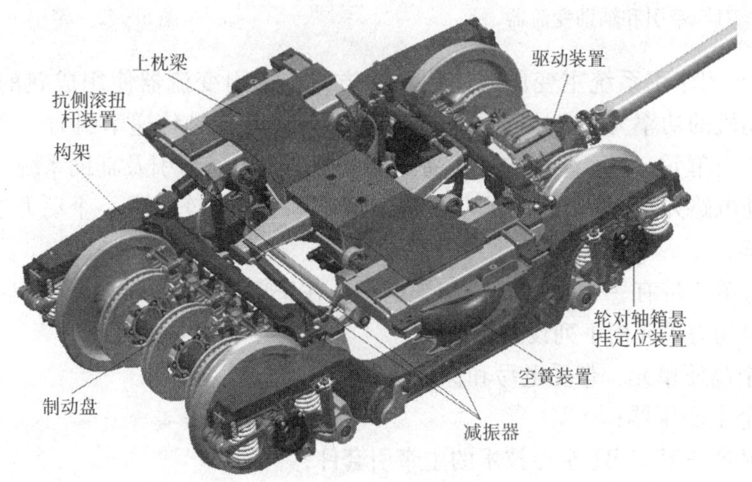

图5－68　CRH5动力转向架

2. 牵引系统

牵引系统工作原理示意图如图5－69所示，主要由受电弓、主断路器、牵引变压器（见图5－70）、牵引变流器（见图5－71）及牵引电动机（见图5－72）组成。受电弓通过电网接入25 kV的高压交流电，输送给牵引变压器，降压成1 770 V的交流电。降压后的交流电再输入牵引变流器，逆变成电压和频率均可控制的三相交流电，输送给牵引电机，牵引整个列车。

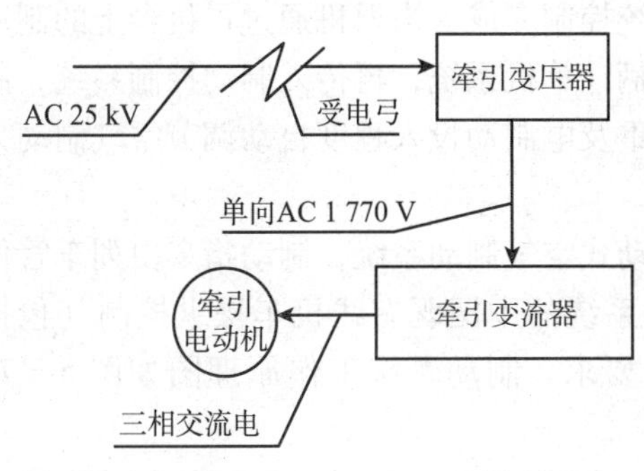

图5－69　牵引系统工作原理示意图

图5－70　牵引变压器

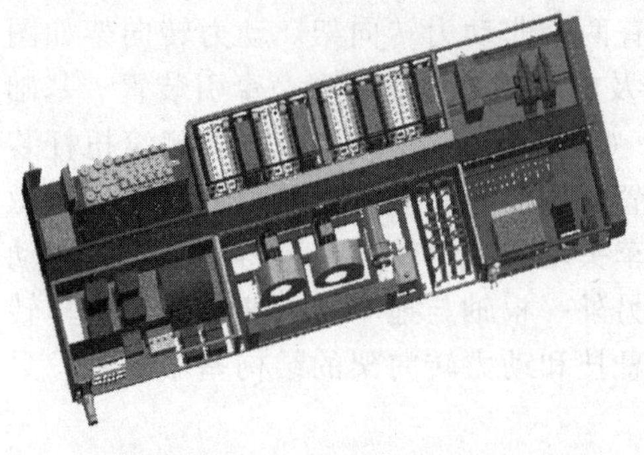

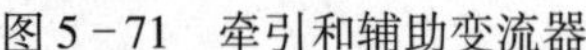

图5－71　牵引和辅助变流器

图5－72　牵引电动机

CRH5 动车组牵引系统主变压器使用油冷方式，牵引变流器使用成熟的 IGBT 技术。异步牵引电动机的功率为 550 kW，采用体悬方式，由万向轴传递牵引力。动车组有两个相对独立的牵引单元，每个牵引单元配备一套完整的集电、牵引及辅助系统，以实现所需的牵引和辅助电路冗余。一个动力单元是三辆动车和一辆拖车，另一个动力单元是两辆动车和两辆拖车。

每个动力单元带有一个主变压器和受电弓。在正常运行中，每列车只启用一个受电弓。每个牵引动力单元由下列设备组成：

（1）一个高压单元，带受电弓和保护装置；

（2）一个主变压器；

（3）两套或三套 IGBT 水冷技术的主牵引套件；

（4）4 台或 6 台异步牵引电动机，底架悬挂，最大设计负载 550 kW（轮缘处功率）。由于每台电动机是由一个独立的牵引逆变器驱动的，在同一车辆内轮对间轮径差最大为 15 mm 情况下，无需减小负载。每节动车装有两台牵引电动机。

正常情况下，两个牵引系统均工作，当一个牵引系统发生故障时，可以自动切断故障源，继续运行。

3. 制动系统

动车组制动系统有两套，一套是微机控制的直通式电空制动系统，可实现电空联合制动，当列车速度较高时，实施电制动，不足的部分由空气制动补充，在速度低于 10 km/h 时只实施空气制动，制动方式转换均由计算机系统控制完成。当司机通过司机台上的制动控制器发出制动指令时，制动电信号首先到达车辆计算机系统，再传入制动控制系统，制动控制系统将根据制动指令、列车速度、车辆载重及电制动投入程度自动调节空气制动力的大小。

另一套制动系统为备用空气制动系统，为自动式空气制动系统，制动指令由列车管传递。备用空气制动系统可由采用自动式空气制动系统的中国既有线机车操纵控制（包括制动与缓解），可满足动车组在救援和回送时的要求。制动系统工作原理图如图 5－73 所示。

CRH5 动车组空气制动的相关部分包括压力空气供给系统、辅助空气压缩机、直通式空气制动系统、自动空气制动系统和基础制动装置等部分。

CRH5 动车组的主压力空气供给系统配备两套压力空气供给装置、分别装在 Tp 和 Tpb 车上。还配备两台辅助空气压缩机，在风缸无气和受电弓降弓的情况下为受电弓供风；辅助空气压缩机也装在 Tp 和 Tpb 车上。

为适应恶劣的铁路运用条件，CRH5 型动车组的压缩空气供给系统和空气制动系统的设计具有安全性高、可靠性高、可用性好、低 LCC（寿命周期成本）、便于维护和修理故障、机车配线和列车管连接最小化的特点。

4. 辅助供电系统

辅助供电系统工作原理示意图如图 5－74 所示，辅助供电系统由辅助变流器、蓄电池、充电机等组成。在每辆动车上各设一台辅助变流器，和牵引变流器安装在一起，为空气压缩机、冷却通风机、油泵/水泵电机、空调系统、采暖、照明、旅客信息系统等设备提供电源。在每辆车上各设一组蓄电池和一台充电机。

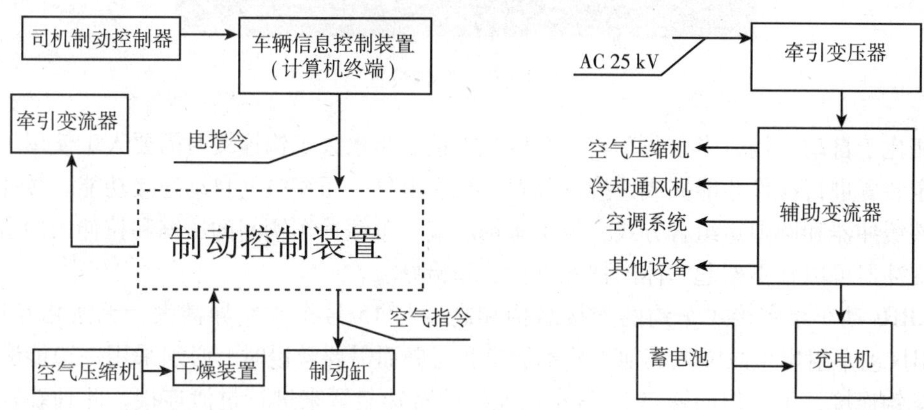

图 5－73　制动系统工作原理示意图　　图 5－74　辅助供电系统工作原理示意图

AC 25 kV 的高压电由设置在拖车上的牵引变压器降压为 1 770 V 后，作为每辆动车中牵引变流器的输入，辅助变流器将牵引变流器的中间直流电压 DC 3 600 V 变换成 DC 600 V，再逆变为三相 AC 380 V/50 Hz 作为输出辅助交流供电，称为中压供电。辅助直流供电 DC 24 V 称为低压供电，它是由与蓄电池相关联的蓄电池充电器提供的，安装在每辆车上，每列车设 8 组蓄电池和充电机。

5. 车钩及缓冲装置

CRH5 动车组两端设有全自动车钩，车辆间由半永久车钩联接。如图 5－75 所示，车钩均采用密接方式，全自动车钩内有机械、空气、电气连接机构和通路。全自动车钩由一个两位的自动机械钩头组成，两侧安装有电气连接器。机械钩头同时包括压缩空气连接器。缓冲装置的设计包括一个气液缓冲装置和一个环簧缓冲装置。车钩是自支撑的，并可以自动对中。在寒冷地区使用时需要加装电加热器。自动车钩缓冲装置内装设有两种类型缓冲元件，分别为气液缓冲器和金属环簧缓冲器。这种缓冲装置将气液缓冲器及环簧缓冲器的各自特点较好地集于一身，能够充分满足列车运行过程中小能量冲击的缓冲和意外碰撞事故中大能量的能量吸收。使用过程中，车辆间小能量多频次的冲击能量将由环簧缓冲器吸收，而具有较高冲击速度的意外碰撞能量将由气液缓冲器来吸收。

图 5－75 车钩装置

相比于自动车钩，半永久车钩只有机械连接。半永久车钩连接时需要人工使用工具对其锁定装置进行操作才能完成连接及分解，没有电气、压缩空气自动连接功能。缓冲器采用气液缓冲器和圆弹簧组合方式，位于车钩后端，可缓冲车辆间的压缩和拉伸的冲击。车钩及缓冲器可以在不架起车体的情况下拆装和检修。

CRH5 动车组密接式车钩的连接结构和高度与 15 号车钩差异甚大，无法相互连接。当 CRH5 动车组发生故障或其他事故不能自我行驶而需要救援时，必须采用一边能够与密接式车钩连接，另一边能够与 15 号车钩连接的特殊装置来进行过渡连接，此种装置称为过渡车钩。过渡车钩一般安置在头车上备用。过渡车钩结构为焊接结构，包括一个 15 号车钩适配器和一个密接式车钩适配器，通过焊接方式组成过渡车钩。使用时，首先用人工或吊装设备将过渡车钩密接车钩部分与动车组自动车钩连接，并操作动车组连接设备使过渡车钩与自动车钩连接闭锁；然后使机车车钩处于全开位，使机车靠近动车组完成机械连挂；最后连接制动软管连接器，接通气路。

6. 列车网络控制系统

列车网络控制系统是一套分布式计算机系统，如图 5－76 所示，该动车组的列车总线为 WTB，车辆总线为 MVB 和 CAN（Controller Area Network）总线，通过贯穿列车的 WTB 总线来传送控制、监测及故障诊断等信息，可控制并监控所有列车和车辆的相关功能。控制系统重要部分采取冗余设计，使系统具有冗余性，排除了单一故障影响系统功能的可能性。

列车网络控制系统主要由主处理单元、列车信息显示装置、车内信息显示装置、网关、中继器、远程输入输出模块等组成。该系统具有牵引控制、制动控制、设备状态监测与控制、辅助设备控制等功能，可以记录、存储车内设备的数据信息，便于进行故障分析与排除。同时，这些信息可通过 GSM-R 传送回基地，实现车内信号与地面系统的远程传输。

由微处理器控制的主要单元，对系统的每个部件的正确操作进行精确的分析，并将处理过的信息发送到命令、控制与诊断系统。

每个微处理器控制的功率单元具有启动和运行自动测试功能，可以提供与各自电路板有关的诊断信息。主要诊断的项目包括列车的牵引、制动及控制系统的状态；走行部件的安全性；旅客安全相关设施的状态（如车门关闭状态等）；各类电子电气设备；影响列车正常运行和使用的其他设施状态。

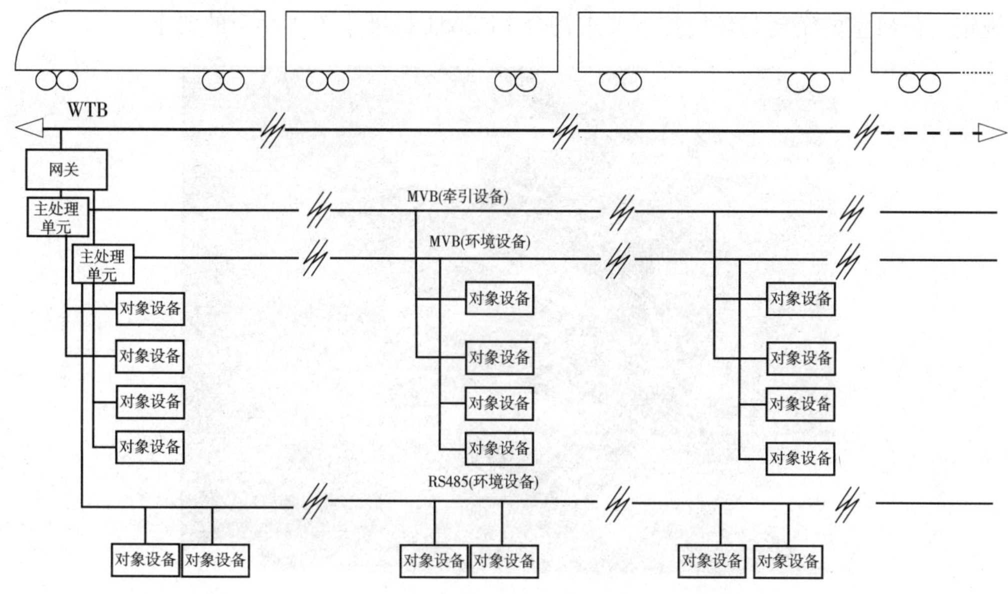

图5－76　列车网络控制系统

CRH5动车组的高压、牵引、辅助等子系统的控制是通过TCMS执行的，TCMS是一个智能单元，通过采集和传输信息，命令管理着列车上大多数的主要设备。

但考虑到高压、牵引和行车安全的因素，重要的子系统都设有硬线保护电路，例如，高压系统设置了DJ回路，控制主断路器DJ的合断，保护高压设备的安全；牵引系统通过牵引就绪回路保证施加牵引的可靠性；制动系统设定了紧急制动电磁阀硬线电路、制动安全回路、乘客紧急手柄回路，保证行车的可靠性；门系统通过全列车的门关闭信号线检测所有门关闭的状态，保证旅客行车的安全性。另外，充电机蓄电池的低压供电控制是依靠硬线执行的。

TCMS的主要功能是实现专用于列车任务的具有要求的性能级别（包括可靠性级别）、将列车布线复杂性最小化的操作功能；为列车员提供列车操作的帮助；为维护任务提供集中支持。

TCMS控制和诊断的主要任务是监督功能和管理系统，将被控制设备的操作调节到通用的有效状态；在正常操作过程中，执行启动程序并给出指令；如果发生故障，采取恰当的措施并执行有关的切断工作；辨认出故障的设备或者部件。目的是为了减少修理次数并增加客车的平均可用性；提供一个操作指南，给出如果发生故障时如何进行操作的精确说明；诊断TCMS系统的各种零部件，例如远程I/O、网关、监视器、桥路和/或中继器和

MPU。为了达到上述目标，工作的时候要特别小心。

7. 司机室

CRH5 动车组两头车各设一个司机室，如图 5－77 所示。两个司机室的设备布置相同，司机室为单司机操作模式，司机台为居中布置；在驾驶室后部设置了一组弹簧升降式座椅；在操作台上分别设有制动和牵引手柄，可以进行自动和手动驾驶，操作台正面分别有速度信息、运行信息和列车信息显示等。司机室根据人机工程学设计，符合 UIC 651 标准的规定。司机室的密封与环境控制要求符合 UIC 651 标准中关于噪声的要求。

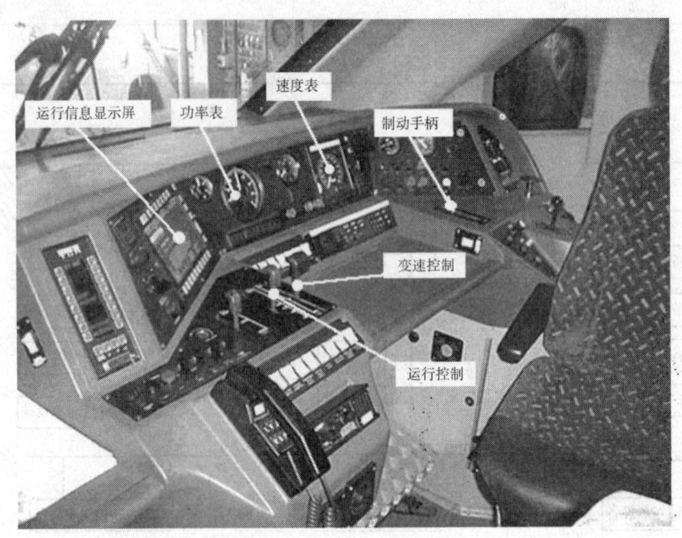

图 5－77　司机室

司机室外壳材质为复合材料，由最小厚度为 40 mm 的三明治聚酯层组成（其中有 30 mm夹层泡沫），挡风玻璃周边外壳的厚度为 100 mm，以承担空气动力学造成的冲击。其上安装有挡风玻璃和侧窗玻璃（左、右），上部安装有远光灯。另外，还安装有挡风玻璃刮雨器及后视镜。挡风玻璃是由带有塑料多层材料的多层鼓形玻璃制成，玻璃的设计标称厚度要确保挡风玻璃部件的外表面与司机室外壳的外表面对齐，挡风玻璃是电加热的，以便于在冬天除去外部表面的霜；可以通过外层玻璃内表面直接镀金属来获得这个功能。司机室侧窗包括两个窗玻璃，窗玻璃通过一个框架连接，使远离车头的那块玻璃可以打开，利用机械折页装置使该窗玻璃可以向里开。司机室侧窗必须足够大，可以作为紧急出口使用。为此，整个车窗设计上可以迅速容易地移动和推出，能够提供一个人通过的开口。司机室外壳与车体承载结构间用胶粘接，两侧与承载结构各有四个机械固定点，前部与承载结构有两个机械固定点，司机室外壳上预埋内装安装件和防寒材固定钉。

8. 给排水和卫生系统

CRH5 动车组的给排水和卫生系统主要包括供水系统、饮水机及厕所系统三部分。供水系统主要任务是向列车提供各种用水，如冲洗集便器用水、洗漱用水、饮水机用水和酒吧车用水。饮水机用于为乘客提供饮用水。厕所系统为列车乘客提供舒适的厕所环境，并负责收集污物及清理。供水系统与饮水机及卫生系统配合设置。

不同车型配有不同种类和数量的卫生间。卫生间种类包括残疾人卫生间、标准卫生间和西式卫生间。其中标准卫生间内设蹲式便器，分为左侧和右侧。西式卫生间、残疾人卫生间内设座便器，全列车中配置有6个右侧标准蹲式卫生间、6个左侧标准蹲式卫生间、一个坐式卫生间、一个残疾人卫生间。其中Tpb车未设置卫生间。

在每辆车（除Tpb车）上靠近“右侧”卫生间安装有一个冷热饮水机，Tpb车吧台处安装有一台热饮水机。饮水机通过一个单独的管路从供水系统的净水箱中供水。

5.6 CRH380系列动车组

CRH380系列分为CRH380A、CRH380B、CRH380C和CRH380D，分别由中国南车四方机车车辆股份有限公司、中国北车长春轨道客车股份有限公司、中国北车唐山轨道客车有限责任公司和青岛四方-庞巴迪-鲍尔铁路运输设备有限公司生产。

CRH380各车型的技术参数见表5-13。

表5-13 CRH380系列动车组技术参数对比

动车组类型	CRH380A	CRH380B	CRH380C	CRH380D
头车长度/mm	26 250	25 525	26 200	27 850
中间车长度/mm	24 500	24 175	24 175	26 600
总　　长/m	203	200	400	215
车辆宽度/mm	3 380	3 260	3 260	3 368
车辆高度/mm	3 700	3 890	3 890	4 160
地板面距轨面高度（整备状态）/mm	1 300	1 260	1 260	1 250
转向架轮径（新/全磨耗）/mm	860/790	920/830	920/830	920/850
轴距/mm	2 500	2 500	2 500	2 700
轮对内侧距/mm	1 353	1 353	1 353	1 353
受电弓落弓时高度/mm	4 500	4 260	4 260	4 710
定　　员/人	494	490	1004	494
最高运行速度/（km/h）	380	350	380	380
最高试验速度/（km/h）	385	> 400	420	420
牵引功率/kW	9 600	9 200	19 200	9 600
动力配置	6M2T	4M4T	8M8T	4M4T
牵引电动机功率/kW	400	585	615	630

续表

动车组类型	CRH380A	CRH380B	CRH380C	CRH380D
平直道上 0 ~ 200km/h 的平均加速度/（m/s^2）	0.39	> 0.4	>0.4	0.4
300 km/h 时制动距离/m	≤3 800	≤4 200	≤4 200	3 800
编组形式	8 辆编组	8 辆编组	16 辆编组	8 辆编组
客室布置	一等车 2 +2 二等车 2 +3	一等车 2 +2 二等车 2 +3	一等车 2 +2 二等车 2 +3	一等车 2 +2 二等车 2 +3
传动方式	交直交	交直交	交直交	交直交
车体结构	铝合金	铝合金	铝合金	铝合金
空调系统	准集中单元式	集中式空调（司机室为分体式）	集中式空调（司机室为分体式）	单元式空调机组
通风换气型式	供排气一体型连续换气装置	独立的新风和排风装置，集中控制	独立的新风和排风装置，集中控制	被动式压力保护换气
风挡型式	气密式内风挡；橡胶外风挡	内风挡为折棚式；外风挡为橡胶风挡	内风挡为折棚式；外风挡为橡胶风挡	折棚式风挡
转向架类型	两轴无摇枕转向架	两轴无摇枕转向架	两轴无摇枕转向架	无摇枕空气弹簧
构架型式	H 型焊接构架	H 型焊接构架	H 型焊接构架	H 型焊接构架
转向架一系定位方式	转臂式	转臂式轴箱定位	转臂式轴箱定位	转臂式无磨耗定位
转向架二系定位方式	空气弹簧支撑，单牵引拉杆	空气弹簧 +Z 型牵引拉杆 + 横向挡	空气弹簧 +Z 型牵引拉杆 + 横向挡	无摇枕的空气弹簧悬挂
牵引杆型式	单拉杆	Z 型双拉杆	Z 型双拉杆	单拉杆牵引
转向架轴重/t	15	≤17	≤17	≤17
受流电压	AC 25 kV，50 Hz	AC 25 kV，50 Hz	AC 25 kV，50 Hz	AC 25 kV，50 Hz
功率器件型式	IGBT/IPM	IGBT	IGBT	IGBT
制动系统	再生制动 + 电气指令空气制动	电制动和电空制动	电制动和电空制动	直通式电空制动/再生制动
辅助供电制式	分单元的扩展供电方式	三相交流 440 V，60 Hz	三相交流 440 V，60 Hz	AC 400 V/50 Hz，TT；DC 110 V，TT
网络拓扑结构	环形 ARCNET 网	列车总线 WTB，车辆总线 MVB	列车总线采用 FSK 形式，车辆总线采用 RS485，HDLC 结构	分布式
轨距/mm	1 435	1 435	1 435	1 435

CRH380A 动车组为 8 节编组，采用 6M + 2T 结构，最高运营速度达 380 km/h。CRH380A 动车组设有二等座车/观光车、一等座车、带包间的一等座车、二等座车、二等座车和餐车的合造车。二等座车座席采用 2 +3 布置；一等座车座席采用 2 +2 布置；带包间的一等座车有一个 6 人包间，装设有自动门，可以形成一个封闭的会议室，用于进行商务洽谈。CRH380A 系列动车组两端头车为二等座车/观光车，司机室后设有观光区，有 6 个座位，旅客可通过透明的玻璃幕墙看到司机室内的操作，如果按下座椅上的玻璃颜色控制按钮，透明玻璃幕墙会立即变成磨砂玻璃。观光区的座椅亦有扬声器按钮，可通过这个按钮控制车内广播音量。除了带酒吧的二等座车外，其他车厢所有座位均能旋转。全列车定员 480 人，平面布置如图 5 - 78 所示。

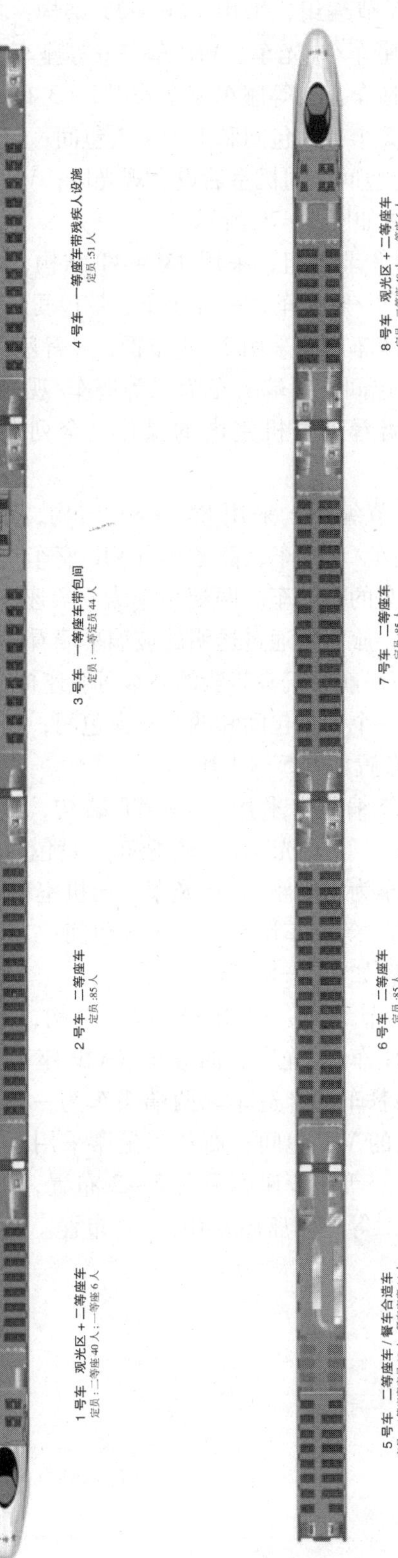

图5-78　CRH380A动车平面布置图

CRH380AL 动车组为 16 节编组，采用 14M +2T 结构，最高运营速度达 380 km/h。CRH380AL 动车组设有一等座车/观光车、VIP 车、一等座车、带包间的一等座车、二等座车、二等座车和餐车的合造车。二等座车座席采用 2 +3 布置；一等座车座席采用 2 +2 布置；带包间的一等座车有 2 个 6 人包间和 1 个 4 人包间；CRH380AL 动车组两端头车为一等座车/观光车，带有 1 个包间，司机室后设有观光区；VIP 车座席采用 1 +2 布置。全列车定员 1 027 人，平面布置如图 5 -79 所示。

CRH380B 系列动车组为 8 节编组，采用 4M +4T 结构，最高运营速度达 380 km/h。CRH380B 动车组设有二等座车/观光车、一等座车、带包间的一等座车、二等座车、二等座车和餐车的合造车。二等座车座席采用 2 +3 布置；一等座车座席采用 2 +2 布置；带包间的一等座车设有一个 4 人包间，两端头车为二等座车/观光车，司机室后设有观光区，旅客可通过透明的玻璃幕墙看到司机室内的操作。全列车定员 490 人，平面布置如图 5 -80所示。

CRH380C 动车组为 16 节编组，采用 8M +8T 结构，最高运营速度达 380 km/h。CRH380C 动车组设有一等座车/观光车、商务车（VIP 座车）、一等座车、带包间的一等座车、二等座车、座车和餐车的合造车。两端头车为一等座车/观光车，带有 1 个 4 人包间，司机室后方设有观光区，旅客可通过透明的玻璃幕墙看到司机室内的操作；商务车坐席采用 1 +2 布置，设置类似民航客机头等舱的高级可躺座椅；一等座车座席采用 2 +2 布置，带包间的一等座车设有一个 4 人包间和两个 6 人包间；二等座车座席采用 2 +3 布置。全列车定员 1 004 人，平面布置如图 5 -81 所示。

CRH380D 动车组为 8 节编组，采用 4M +4T 结构，最高运营速度达 380 km/h。CRH380D 型动车组设有二等座车/观光车、一等座车、带包间的一等座车、二等座车、座车和餐车的合造车。两端头车为二等座车/观光车，司机室后方设有观光区；一等座车座席采用 2 +2 布置，带包间的一等座车设有一个 4 人包间；二等座车座席采用 2 +3 布置。全列车定员 478 人，平面布置如图 5 -82 所示。

CRH380DL 动车组为 16 节编组，采用 8M +8T 结构，最高运营速度达 380 km/h。CRH380DL 动车组设有一等座车/观光车、商务车（VIP 座车）、一等座车、带包间的一等座车、二等座车、座车和餐车的合造车。两端头车为一等座车/观光车，司机室后方设有观光区，带有 1 个 4 人的 VIP 包间；商务车坐席采用 1 +2 布置，设置类似民航客机头等舱的高级可躺座椅；一等座车座席采用 2 +2 布置，带包间的一等座车设有一个 4 人包间和两个 6 人包间；二等座车座席采用 2 +3 布置。全列车定员 1 028 人，平面布置如图 5 -83 所示。

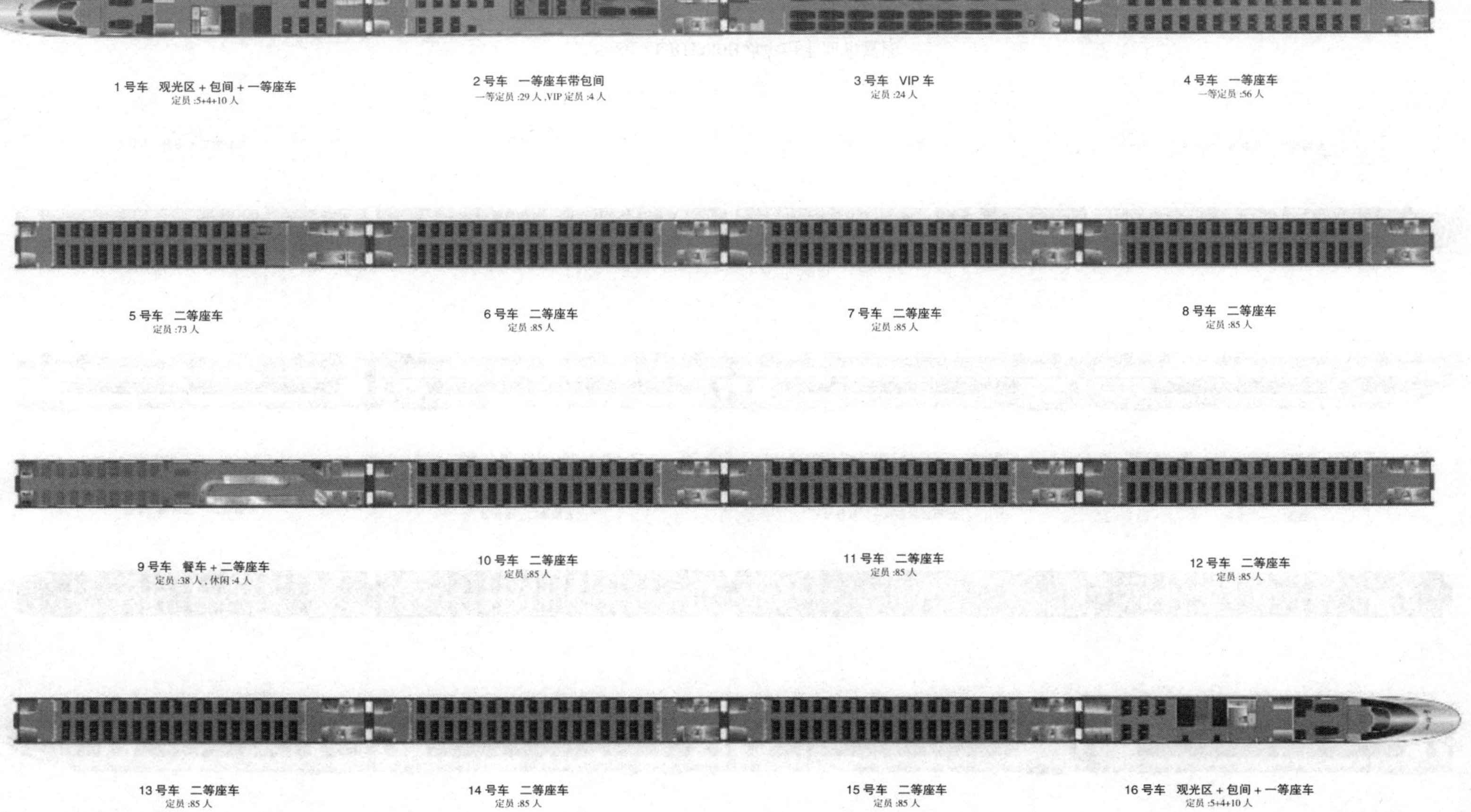

图5-79 CRH380AL动车组平面布置图

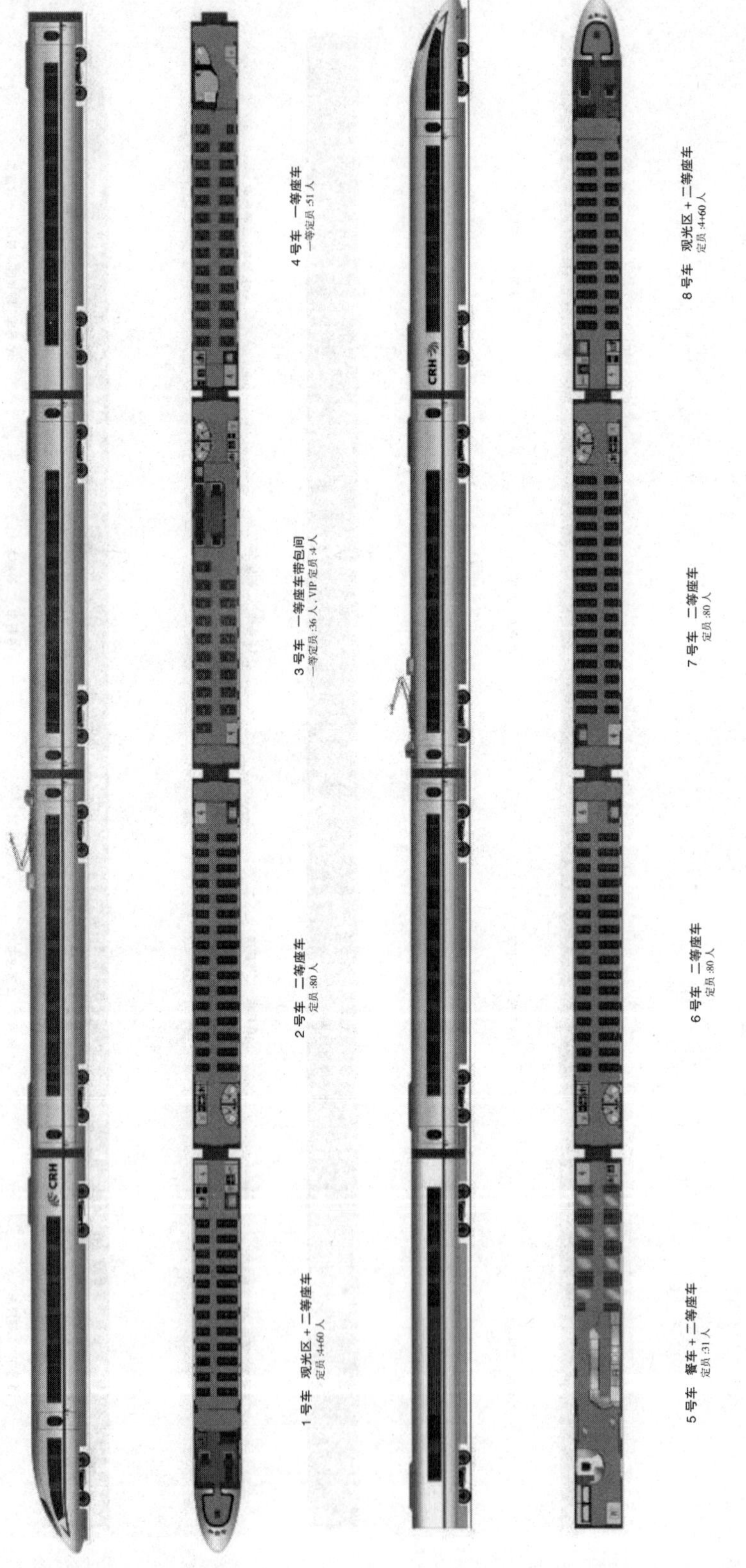

图5-80 CRH380B动车组平面布置图

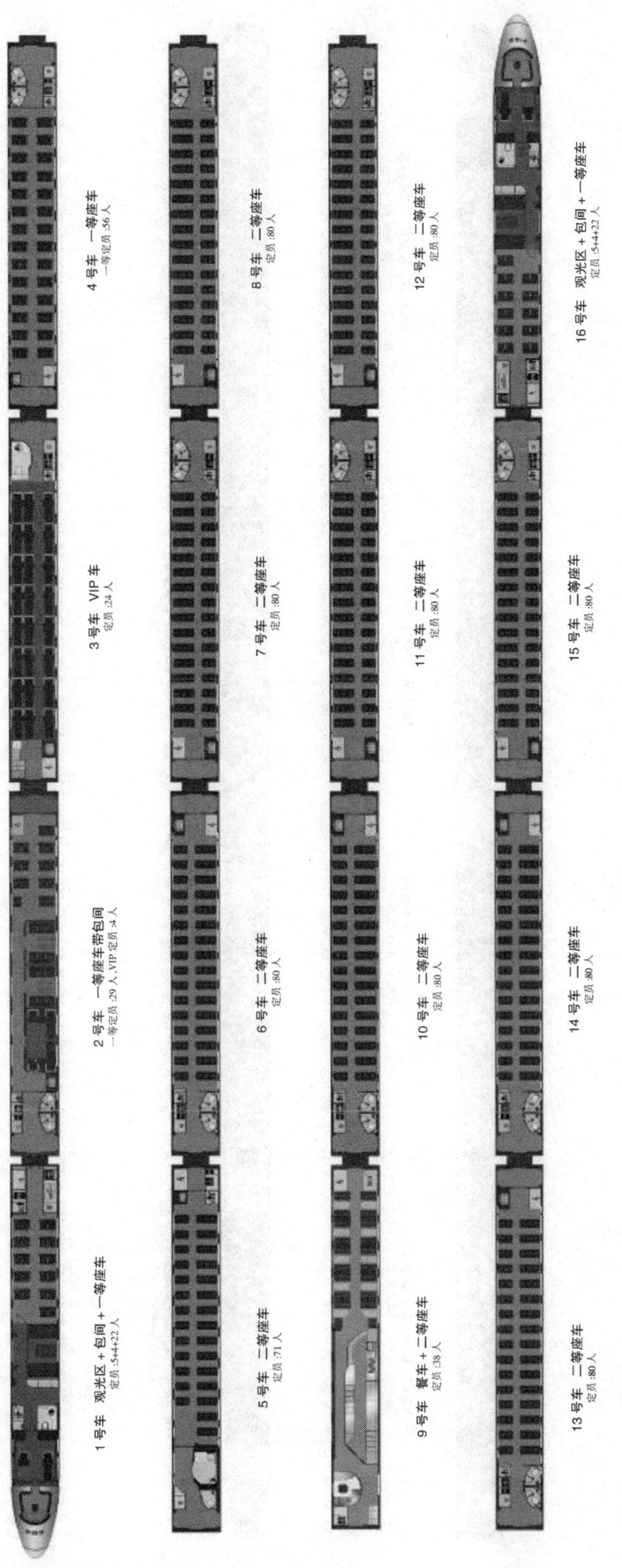

图5-81 CRH380C动车组平面布置图

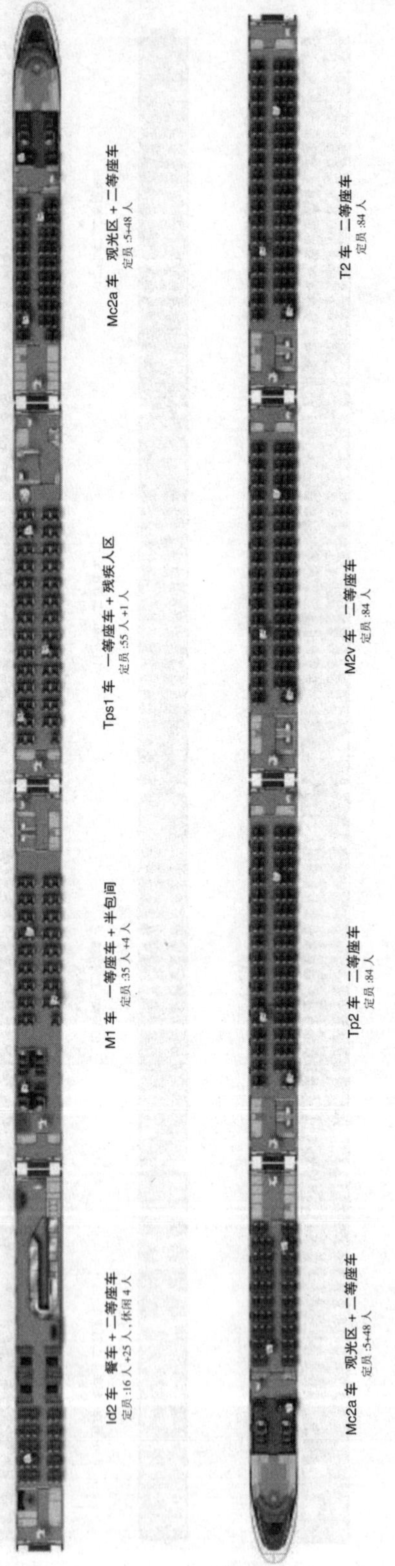

图5-82 CRH380D动车组平面布置图

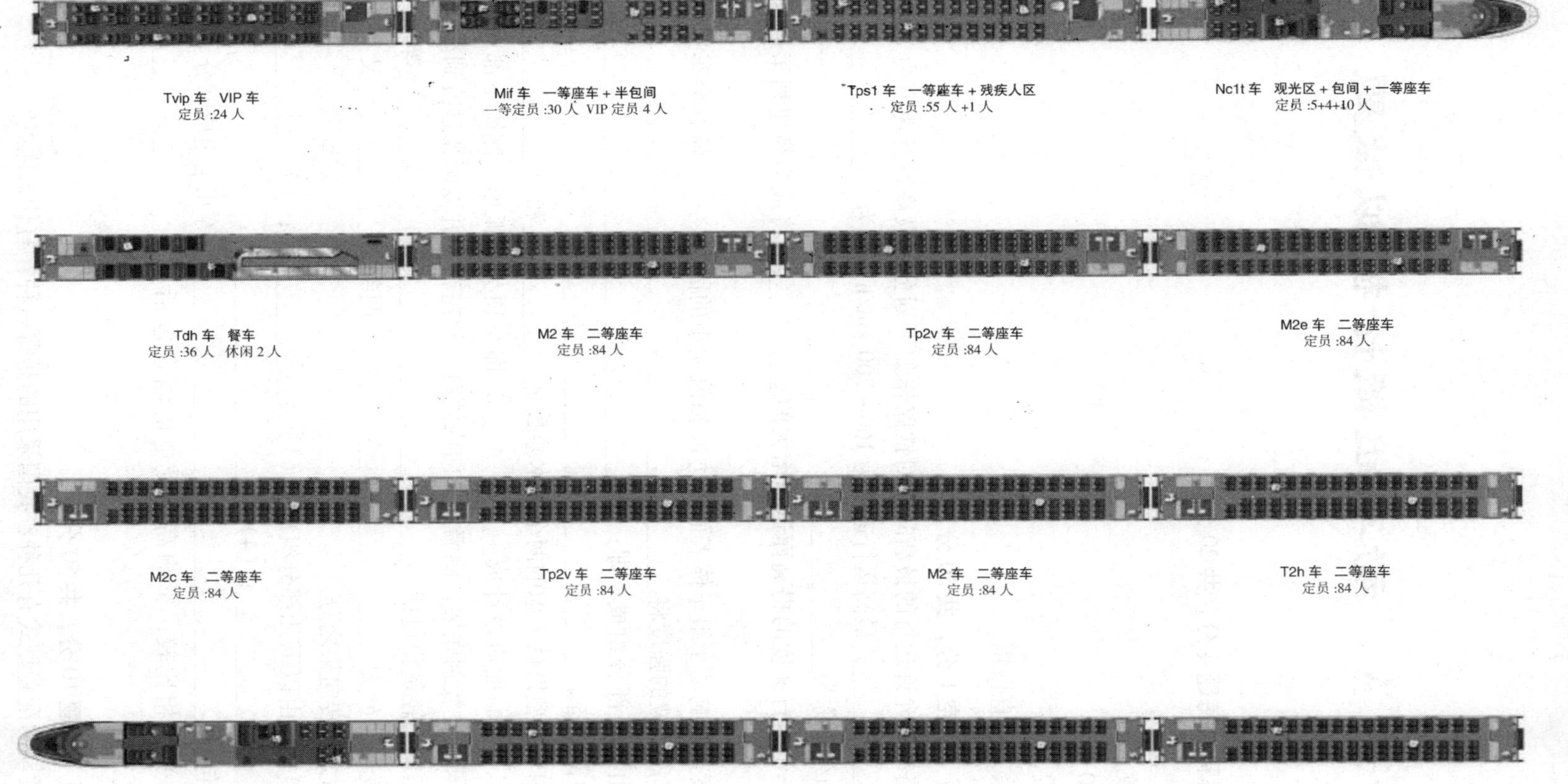

图5-83 CRH380DL动车组平面布置图

附录 A　动车组概论模拟试题

一、名词解释（每题 4 分，共 20 分）

1. 动车组
2. 动力分散
3. TCG－100
4. 制动装置
5. 接触线最大垂直振幅

二、填空题（每空 1 分，共 30 分）

1. 根据铁路线路允许运行的最高时速对铁路作如下划分：最高运行速度为 100～160 km/h，称为____________；最高运行速度为 160～200 km/h，称为____________；最高运行速度≥200 km/h，称为____________。

2. 随着动车组运行速度的提高而迅速增大的____________将成为高速列车运行时的主要阻力。

3. 会车速度是影响动车组车体表面压力波幅值大小的因素之一。随着会车速度的大幅度提高，会车压力波的强度将____________。

4. 动车组由 7 个部分组成，即：____________、____________、____________、制动装置、车辆内部设备、____________和____________。

5. 动车组端车头型设计考虑的两个基本参数是____________和____________。

6. 动车组车身横断面应设计成____________，即车顶为圆弧形，侧墙下部向内倾斜（5°左右）并以圆弧过渡到底架，侧墙上部向内倾斜（3°左右）并以圆弧过渡到车顶。

7. 动车组车辆的轻量化包括____________，____________和____________等。

8. 动车组转向架分为____________和____________两类，____________又有单动力轴转向架和双动力轴转向架之分。

9. 车内噪声一般由以下几部分组成：（1）______________；（2）______________；（3）______________________；（4）____________________。

10. 接触网包括________、________、________、________等几个组成部分。

11. 与常速受电相比较，影响高速受电的因素包括____________、____________和____________。

三、问答题（每题 10 分，共 50 分）

1. 动车组的动力配置型式有几种？我国采用的是哪一种？有什么优点？

2. 高速动车组涉及哪些关键技术？请解释与车体结构有关的关键技术所带来的好处。
3. 简述动车组转向架各组成部分的技术特点。
4. 接触悬挂分为几种？每种接触悬挂的特点是什么？
5. 将动车组的有关数据（答案）填入下表中。

动车组尺寸

动车组型号	CRH1	CRH2	CRH3	CRH5
头车长度/m				
中间车长度/m				
总　　长/m				
车辆宽度/m				
车辆高度/m				

参 考 文 献

[1] 钱仲侯．高速铁路概论．北京：中国铁道出版社，2005.
[2] 铁道科学研究院高速铁路技术研究总体组．高速铁路技术．北京：中国铁道出版社，2005.
[3] 钱立新．世界高速铁路技术．北京：中国铁道出版社，2003.
[4] 孙翔．世界各国的高速铁路．成都：西南交通大学出版社，1992.
[5] 傅小日．日本新干线高速列车．北京：中国铁道出版社，1999.
[6] 鹤通孝．九州新干线 800 系电动车组．国外铁道车辆，2005，42（1）：14－17.
[7] 王勋村．高速列车会车压力波研究．铁道机车车辆，2000，4：1－3.
[8] 董锡明．现代高速列车技术．北京：中国铁道出版社，2006.
[9] 铁道部．铁路动车组运用维修规程．北京：中国铁道出版社，2007.
[10] 冯金柱．电气化铁路．北京：中国铁道出版社，2000.
[11] 赵飞．高速列车受电弓滑板新材料展望．湖南有色金属，2007，23（4）：35－39.
[12] 严隽耄．车辆工程．北京：中国铁道出版社，1992.
[13] 张曙光．CRH_1 型动车组．北京：中国铁道出版社，2008.
[14] 张曙光．CRH_2 型动车组．北京：中国铁道出版社，2008.
[15] 张曙光．CRH_3 型动车组．北京：中国铁道出版社，2009.
[16] 张曙光．CRH_5 型动车组．北京：中国铁道出版社，2008.
[17] 李伟．接触网．北京：中国铁道出版社，2000.